KB115823

김정문 알로에 도감

Aloe spinosissima

"대한민국에 최초로 알로에를 가져오고
세계 각국을 돌며 알로에 원산지에서
수백 종의 알로에를 수집하신
고(故) 백재(伯栽) 김정문 선생님께
아내로서, 기업의 CEO로서 감사드리며
이 책을 바칩니다."

표지 : *Aloe rupestris*
목차 : *Aloe castanea*

Contents

| 머 리 말 |

지금까지 알로에에 대한 많은 책들이 출간되었지만 알로에의 성분 및 건강 · 의약적인 면에 집중되었고 관상용 식물로서의 가치는 조명되지 않았다. 하지만 베란다와 같이 실내에서 가꾸는 화분이나 미니정원이 증가하면서 관상용 알로에에 대한 관심도 증가하고 있다. 알로에 관련 서적들은 원산지인 아프리카 특히 남아프리카 공화국을 중심으로 발간되어 왔다. 특히 1950년, 1966년도에 G.W. Reynolds가 『알로에 도감』을 편찬하면서 알로에 종에 대한 정립이 본격적으로 시작되었다. 2001년도에 이르러 Urs Eggli가 편집한 책에는 지금까지의 논문들을 바탕으로 다육식물을 정리했으며 550여 종의 알로에를 나열하여 동의어로서 불렸던 알로에의 이름들을 정리하였다. 2008년에는 일반인들에게 알로에 종을 소개하는 책을 G.F. Smith & B. Van Wyk가 출판하기도 했다. 지금까지 출간된 모든 책들은 영어 또는 독일어로 쓰인 책이었다. 따라서 국내 독자들이 관심을 갖고 읽기에는 한계가 있었으며 알로에를 이해하는 데 어려움이 많았다.

(주)김정문알로에 제주농장은 지난 30여 년간 故 김정문 회장님께서 세계 각국에서 수집하신 450여 종의 알로에를 재배 및 보관하고 있다. 이 책에는 오랫동안 축적된 자료들을 한데 모아 건강식품이 아닌 관상용으로서의 알로에 정보를 담았다. 또한 다육식물과 비교하면서 관상용으로서의 활용법을 소개하고 알로에의 식물학적 특징을 보다 쉽게 설명

하여 독자들이 알로에를 가깝게 느끼도록 했다.

이 책을 준비하는 동안, 관련 서적을 수집하고 각종 논문을 읽으면서 현재에 이르기까지 토론을 거듭하고 있는 식물분류학의 세계에 어렵게 발을 들여놓았다. 먼저 원산지인 아프리카에 대한 생물학적 · 지리학적 이해를 위해 시간을 투자했으며, 원하는 논문을 얻기 위해 노력했다. 하지만 대부분 아프리카에서 식물학적 연구가 진행되다 보니 원하는 논문을 구하는 데 어려움을 겪어야 했다. 특히 영어로 표현된 전문 용어들을 일반 독자들에게 쉽게 전달할 수 있는 방법을 찾는 데 많은 노력이 필요했다.

그러한 과정을 거치고 난 후, 알로에의 유래 및 원산지부터 시작해 일반적인 특성 및 재배 방법에 이르기까지 좀 더 일반인들이 접근하기 쉽도록 서술할 수 있었고 50여 종의 알로에를 크게 6가지의 형태적 특성으로 분류하여 알로에 동정에 대한 이해를 높일 수 있었다.

부디 이 책을 통해 일반인들이 알로에를 더욱 친숙하게 느끼고, 좀 더 사랑하게 되고, 잘 활용할 수 있게 되기를 바란다.

(주)김정문알로에 대표이사 **최연매**

Aloe plicatilis

Part 1

다육식물과 알로에

알로에는 4,000년 전부터 의학, 건강식품, 미용 등 다양한 방면에서 활용되었지만 식물학적 관점에 대해서는 널리 알려지지 않았다. Part 1은 다육식물이라는 범주에서 알로에의 유래, 원산지 및 식물학적 관점에서 본 알로에를 소개한다.

Part 1. 다육식물과 알로에

2010년 4월, 한국고양꽃전시회에서 본 미니정원

일반 초화류 및 관엽류와는 달리 다육식물은 실내에서 관리가 용이하고 크기와 형태도 매우 다양하며 음이온 발생, 공기정화 등 건강과 더불어 정서적 안정에 상당히 기여한다는 사실이 알려지면서 집 안에서 널리 재배하게 되었으며 미니정원으로 불리며 넓은 화분에 가지각색의 다육식물을 꾸며 놓는 것이 일반화되었다. 이러한 관심에 힘입어 선인장 및 다육식물에 대한 도감은 물론 학술적 전문서적이 아닌 일반인들을 대상으로 하는 다육식물 테마의 여러 책자들이 발간되기에 이르렀다. 가까운 화원에 가 보면 다육식물로 예쁘게 꾸며 놓은 화분들을 쉽게 접할 수 있고, 인터넷으로도 주문이 가능하여 원하는 다육식물을 집 안에서 받아 볼 수 있으며, 위의 사진과 같이 화분에 예쁘게 꾸며 놓은 다육식물 미니정원을 판매하고 있다. 더욱이 직접 집 안에서 재배하는 사람들이 많아져서 인터넷 카페에서는 다육식물에 대한 궁금증이 많이 올라오고 있으며, 간혹 알로에에 대한 질문도 확인된다.

지금으로부터 4,000년의 역사를 자랑하는 알로에는 사람들이 의학, 건강식품, 미용 등 다양한 방면에서 활용하는 식물이지만 막상 식물로서의 알로에에 관해서는 잘 알지 못하는 경우가 많다. 다육식물 애호가라 하더라도 관상용으로 바리에가타(*Aloe variegata*), 스쿠아로사(*Aloe squarrosa*) 등 수 종의 알로에밖에 접해 보지 못했을 것이고 대부분이 알로에 베라(*Aloe vera*), 알로에 아보레센스(*Aloe arborescens*)와 같은 형태를 알로에라고 인식하고 있을 것이라 예상된다. 따라서 'Part 1. 다육식물과 알로에' 에서는 다육식물의 범주에서 알로에의 유래, 원산지 및 식물학적 관점에서 알로에를 간략히 소개하는 자리로 구성하였다.

(주)김정문알로에 제주 농장 전경 : 1989년에 설립하여 현재에 이르기까지 전 세계 450여 품종의 알로에를 수집하여 보존하고 있는 알로에 전문 식물원이다. 알로에 이외에 국화, 야자수 및 관엽식물은 물론 유리온실 내에서는 카틀레야, 신비디움 등 다양한 난을 구경할 수 있는 이곳은 일요일 및 국경일을 제외하고 일반인들에게 무료로 공개된다. 특히 11~2월에는 가지각색의 알로에 꽃을 만끽할 수 있다.

1. 다육식물 이야기

Aloe capitata

몇 년 전까지만 하더라도 일반인들에게 있어서 다육식물은 선인장이었지만 지금은 알로에, 가스테리아, 아가베, 크라슐라, 유포르비아, 하오르티아 등 학명을 언급해 가며 관련 대화를 나눌 정도로 다육식물에 많은 관심을 가지게 되었다. 또한 식당이나 건물 등에서도 산세비에리아와 같은 다육식물을 흔하게 접할 수 있으며, 음이온 발생이나 공기청정과 같은 단어에서조차 다육식물이 연상된다.

다육식물의 사전적 의미 중 "수분을 저장할 수 있는 육질의 부분이 많다."라는 것에서 유추할 수 있듯이, 사막이나 황무지 등의 건조지대, 우기와 건기가 확실히 구분되는 환경에서 건조를 이겨내기 위하여 두꺼운 줄기나 뿌리, 잎에 수분을 저장하는 습성을 가진 식물을 통틀어 다육식물이라고 칭하며, 특정한 과나 속을 칭하는 것이 아닌 원예학적 용어라 할 수 있다.

그렇다면 왜 사람들은 다육식물을 선호하게 되었을까? 가장 큰 이유는 관상용으로써 다른 관엽식물에 비해 관리가 쉽다는 점을 꼽을 수 있다. 일반적으로 실내에서 재배되는 관상용 식물들은 매일 물을 줘야 하는 번거로움이 있고, 잠시만 신경을 못 쓰면 죽어 버릴 정도로 가꾸는 데 많은 시간과 노력을 필요로 한다. 하지만 다육식물은 생존에 필요한 수분을 몸속에 저장하고 있어서 1주일 혹은 10일에 한 번씩 물을 주면 되고, 특수한 경우에는 1~2개월에 한 번 정도 물을 주면 생존하기 때문에 식물체 스스로 수분을 조절해 생존하며 번식 또한 매우 쉬운 편이다. 그리고 생장이 느리기 때문에 장기간에 걸쳐 원하는 형태를 유지하며, 밤중에 이산화탄소를 흡수해 산소를 배출하므로 사람이 수면을 취하는 동안, 인간과 다육식물의 동반은 가장 이상적인 환경일 수도 있다. 추가적으로 종에 대한 관심만 가진다면 실생활에서 보기 힘든 이국적인 꽃도 만나 볼 수 있기에 다육식물에 대한 관심이 높아져만 가는 것이라 추측된다.

식물의 분류는 '과(Family)' 라는 큰 틀 안에 '속(Genus)' 이란 그룹이 있고 그 속에 '종

(Species)' 이 포함되어 있다. 다육식물은 다양한 과를 포함하고 있으며 속과 종으로 들어갈수록 그 수는 많아지며, 또한 관상 가치가 높다고 알려진 다양한 개량품종이 있기 때문에 그것을 포함하면 셀 수도 없을지 모른다. 다육식물 범주에 속하는 과로서는 알로에가 속해 있는 백합과(크산토로이아과)는 물론 선인장과, 용설란과 등 70여 개의 과가 여기에 포함된다(부록 1. 참조).

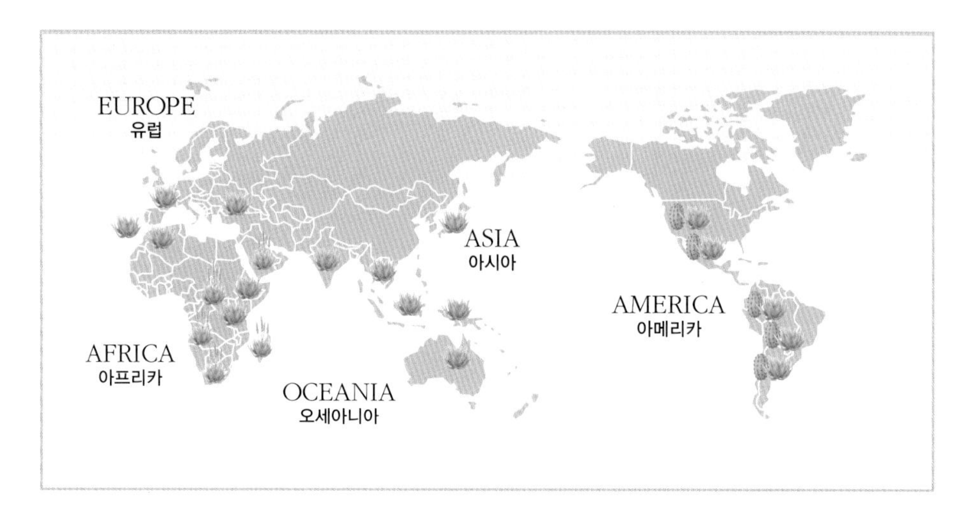

다육식물 원산지 분포도 : 식물의 원산지 분포는 대체로 지리적으로 격리된 것으로부터 출발한다고 해도 과언은 아닌데, 선인장은 아메리카 대륙에, 알로에는 아프리카 대륙에 집중되어 있다. 이렇듯 지리적 격리로부터 바람, 해류 등이 그리고 인간의 목적에 의하여 자연적 또는 인공적으로 식물의 분포 및 재배공간이 시간이 흘러감에 따라 변화하는 것이다.

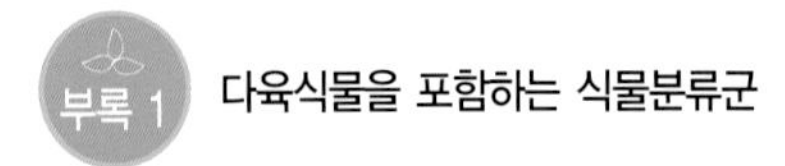

부록 1 다육식물을 포함하는 식물분류군

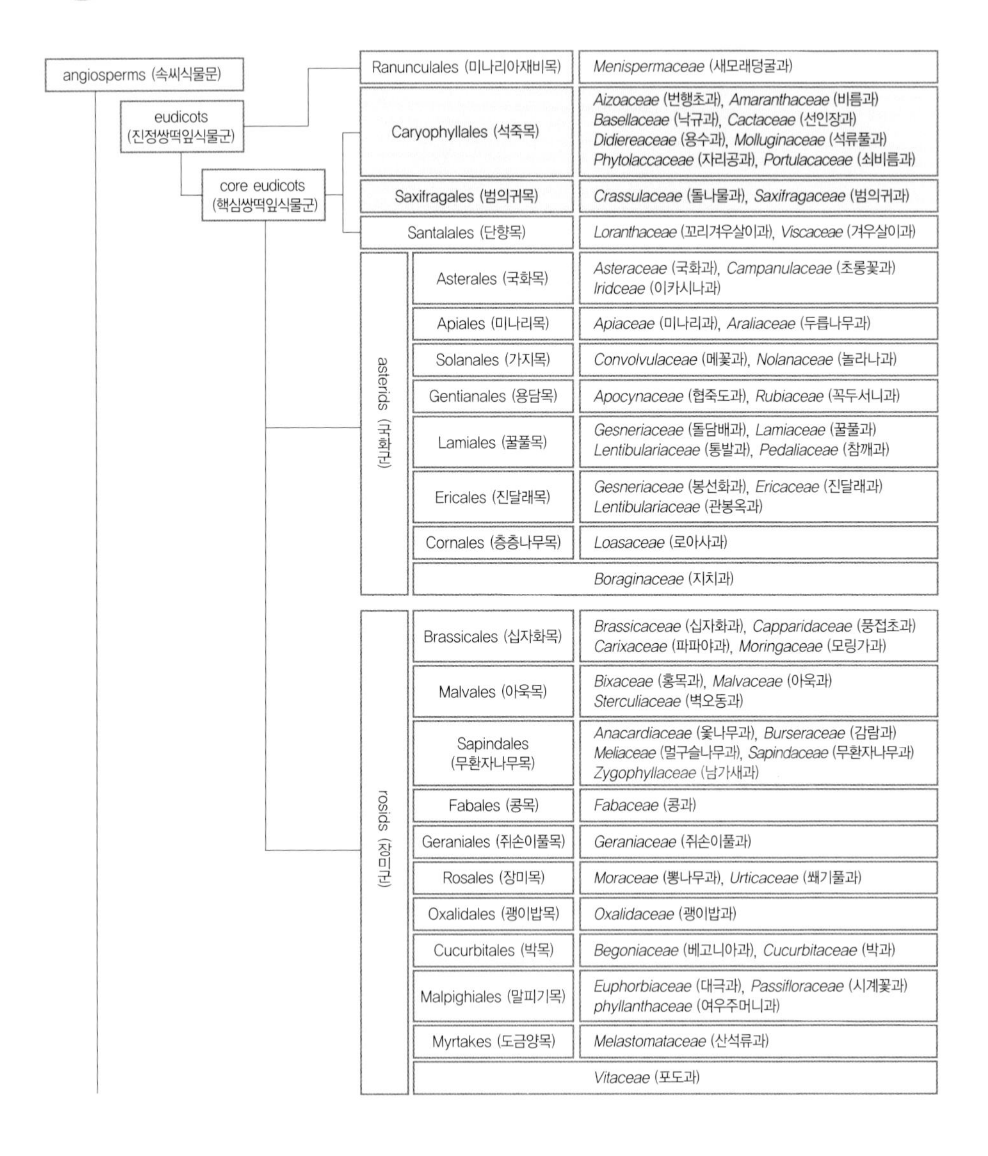

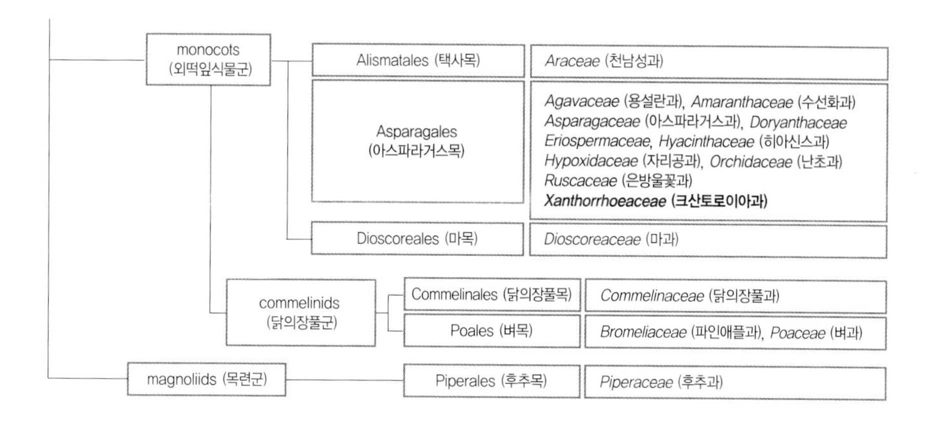

다육식물로 알려진 71개 과(Family)의 계통도이다. 현재 분자학적 계통분류기술이 발전하면서 기존의 분류체계와는 달라졌는데, 특히 알로에를 포함해서 관상용으로 각광받는 다육식물의 대부분이 백합목에서 아스파라거스목으로 변경된 것이 눈에 띄며, 일반적으로 알려져 있는 다육식물의 대부분이 석죽목, 범의귀목, 아스파라거스목에 포함된다(APG III 분류체계 참조).

2. 알로에의 식물학적 이야기

Aloe vryheidensis

알로에 속은 현재 550여 종 정도가 발견되어 있는데 남아프리카, 마다가스카르 등 아프리카 주변 도서 지역과 중동 지역이 원산지이다.

자생지는 대부분은 덥고 건조한 지대로 서리가 없는 지역이 많으나, 알로에 종에 따라 겨울철 영점 이하로 떨어지는 곳에서 자생하는 종도 있으며, 높은 고산지대와 산중턱에서 열대 수풀림에 이르기까지 다양한 편이다. 또한 자연적으로 종간 · 속간 교잡종이 발생하는 경우도 있다. 알로에 속에 포함시킬 수 있는 미분류된 알로에 종도 많아서 그 종류는 변종을 포함해서 600여 종을 훌쩍 넘고 있으며 형태 · 생물적 특성별로는 1,000종 이상이 될 수 있다고 판단된다.

선인장의 경우 줄기에 다육조직이 있는 반면, 알로에는 잎에 다육조직이 있어 우천시 생존에 필요한 수분을 저장하여 비가 오지 않아도 3~4개월은 거뜬히 견디며, 형태도 가지각색으로 높이가 15m를 넘는 바르베라에(*Aloe barberae*)부터 5cm 미만인 데스코인시(*Aloe descoingsii*)에 이르기까지 매우 다양하다.

이렇듯 각양각색인 알로에를 몇 마디 문구로 설명하는 것 자체가 불가능하지만 대체적으로 알로에 종의 일반적인 특성을 나열해 보면 다음과 같다(알로에의 일반적인 특징 참조 Part 2-3).

- 단자엽식물(외떡잎식물; monocots)의 다년생(perennials) 상록초본이다.
- 체세포 염색체수가 대부분 7쌍 14개(2n=14)이다.

- 통통한 다육질 잎은 보트와 같은 형태를 갖는다.
- 잎은 보통 로제트 형태로 나열되어 있다.
- 창이나 검과 같은 긴 삼각형의 잎 가장자리(엽연)에는 튼튼한 가시가 많이 존재한다.
- 뿌리는 주근이 없고, 줄기에서 발생하는 부정근이 지표면 부근에 위치한다.
- 삼각촛대와 비슷한 화서를 가지며 밝은 빛 계통의 형형색색의 꽃이 조밀하게 모여 원뿔형 라세메를 이룬다.
- 화서는 화축의 정아가 계속 성장하며 밑에서부터 꽃이 피어 올라가는 총상화서의 형태를 취한다.
- 화경의 신장이 돋보이며 대부분 온도가 낮은 겨울에 개화한다.
- 화피가 뚜렷하여 내 · 외화피가 구분되며 암술 하나에 6개의 수술을 가지고 있다.
- 알로에의 종자는 3개의 칸으로 나뉘어 많은 갈색 종자가 들어간 삭과(蒴果 ; capsule)이다.

그 외에 알로에는 종자 번식도 가능하나 영양번식이 주를 이루며 태생 자체가 아프리카의 열대 · 아열대지방이기 때문에 추운 겨울이 존재하는 우리나라에서는 외부에서 자라기 매우 힘들다. 외부환경 중 서리는 90% 이상이 수분으로 구성된 알로에에게 있어 생사와 직접적으로 연관되는 가장 큰 문제이다.

낮에는 수분 증발을 막기 위해 기공(氣孔; stoma)을 닫고 밤에 기공을 열어 산소를 배출하며 일반 관엽식물에 비해 음이온 발생량도 많아 공기정화 식물로서도 새롭게 평가받고 있다.

Aloe blackjam : 특성상 알로에 속에 포함시킬 수 있으나 문헌에서 확인이 되지 않은 종(sp.; spurius)

3. 알로에의 유래

남아프리카공화국에서 전통적인 방법으로 알로에를 이용하는 모습

일반적으로 알로에는 아프리카 원산의 식물로 알려져 있는데 B.C. 2100년 수메리아의 한 의사가 기록한 석판(Clay Tablet)에서부터 시작해 4,000년 이상의 역사를 자랑한다. 또한 일반적으로 위장 질환, 화상 및 상처 치료를 위해 민간에서 널리 애용되어 온 알로에는 '만능약' 이라는 칭호를 얻으며 다양한 효능이 인정되어 왔다.

마케도니아 제국에 의하여 유럽 및 페르시아에 전파되고, 그 후 실크로드를 통하여 송나라 시대의 중국에 전해진 것으로 알려지며 우리나라를 포함해 일본에도 중국과 비슷한 시기에 전파된 것으로 생각된다. 유럽에서는 12세기에 독일의 약전에 등록되는 등 효능이 인정되었으며, 중국과 한국에서는 알로에를 노회(蘆薈)라 부르며 《본초강목》과 《동의보감》에 기록하고 있는데 '검은색 나무진과 같은 것' 으로 기재한 것을 보면 현재도 아프리카에서 이용하고 있는 방법처럼 굳은 알로에 수액을 애용했음을 확인할 수 있다(옆 사진 참조). 현재에 이르러서는 세포재생 능력, 항균 · 항염 작용, 면역력 증강 등 알로에의 효능이 과학적으로 증명되면서 의약품은 물론이고 화장품, 건강식품, 세정용품 등 다양한 방면에서 활용되고 있다.

연도별로 보는 알로에의 역사

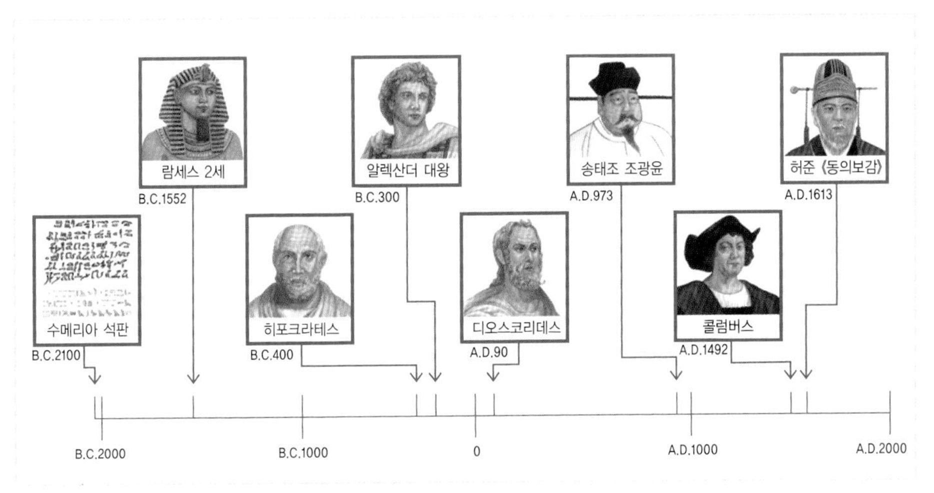

B.C. 2100 – 수메리아 의사가 석판(Clay Tablet)에 기록한 것으로 매우 우수한 약용식물의 하나로 평가
B.C. 1552 – 고대 이집트의 무덤 속에서 발견된 고문서에서 알로에를 사용한 기록과 더불어 약효가 기재
B.C. 400 – 의학의 아버지 히포크라테스가 임상치료제로 사용
B.C. 300 – 알렉산더 대왕은 병사들의 부상과 질병을 치료하기 위해 알로에 원산지인 스코트라섬을 점령
A.D. 90 – 로마시대의 디오스코리데스가 《그리스본초》에서 알로에의 효능 및 사용법을 언급
A.D. 973 – 중국 북송시대에 편찬된 《개보신상정본초》에 알로에가 처음으로 소개
A.D. 1492 – 콜럼버스에 의하여 알로에에 대한 의학적 효과와 더불어 지중해의 알로에를 중남미에 전파
A.D. 1613 – 허준의 《동의보감》에서는 알로에를 '노회' 라 칭하며 만성 위염을 다스리는 명약으로 표현

4. 알로에의 원산지

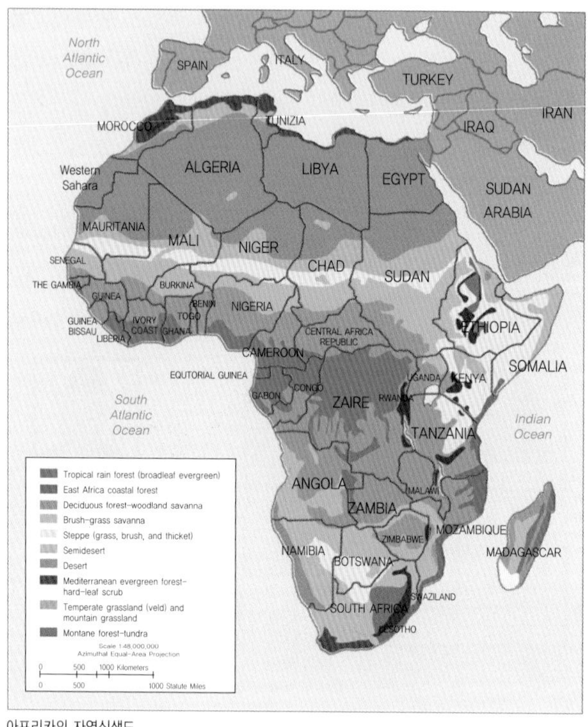

아프리카의 자연식생도

알로에는 아프리카 대륙의 남쪽 끝에서부터 서부, 북동부 아라비아 · 이베리아 반도에 이르기까지 널리 자생한다. 또한 마다가스카르 섬, 스코트라 섬에서도 확인되고 있어 아프리카의 남부 해안가와 더불어 인도양의 마스카린 제도에 이르기까지 분포되어 있다고 할 수 있다. 그중에서 남아프리카 및 마다가스카르를 포함한 동아프리카 지역이 알로에 원산지의 반 이상을 차지한다. 선인장과의 원산지가 아메리카 대륙에 국한되어 있는 것처럼 알로에의 원산지도 전 세계적으로 아프리카 주변 지역이 되는 셈이다.

남아프리카는 남반구에 속하기 때문에 우리나라와 계절이 반대이지만 여름철(11~3월)에 고온다습하고, 겨울철(6~9월)에 온난건조한 아열대성 기후를 나타낸다. 반면 북아프리카의 경우에는 우리나라의 계절과 비슷하지만 지중해성 기후권이기 때문에 여름철에 고온건조하고 겨울철에 온난습윤하다. 하지만 이렇게 크게 묶어서 기후 조건을 설명하기에는 무리가 많다. 왜냐하면 원산지인 아프리카가 적도를 포함해 남위 35도에서 북위 37도에 이르기까지 매우 넓고, 지역 및 계절에 따라 강수량의 차이가 심하기 때문이다. 따라서 기후 조건에 따라 원산지를 설명하는 편이 이해하기 쉬울 것이다.

- 사막과 반사막(Desert & Semi-Desert) : 이 지역은 항상 건조한 대륙성 열대 기단의 영향을 받고 있으며, 월평균 기온이 높은 것이 특징이고 일교차 또한 매우 크다. 일반적으로 여름철과 특히 겨울철에만 비가 내리는 지역으로 강수량이 대단히 적다.
- 사바나(Savanna & Steppe) : 사막과 열대우림 기후 사이에 분포하는 열대 기후로 여름철 우기와 건기의 구별이 뚜렷하다.
- 열대습윤건조(Grasslands of the Highveld and The Centeral Interior) : 반사막 기후 지역에서 적도까지 펼쳐져 있는 지역으로, 아프리카 대륙 총지표면의 거의 절반에 가까운 면적을 차지하고 있다. 여름 동안 비가 많이 오고, 겨울철에는 건조하며 기온의 월교차는 일교차에 비해 변화폭이 작다.
- 적도성 기후(Tropical rain forest) : 열대우림 기후 지역은 아프리카에서 가장 비가 많이 내리는 지역으로 2차례에 걸쳐 집중호우가 쏟아지며 늘 온난한 해양성 기단이 형성되어 있기 때문에 월교차 및 일교차가 뚜렷하지 않다.
- 지중해성 기후(Fynbos) : 아프리카 대륙의 남북 양극단에는 하계 건조형 아열대인 지중해성 기후가 발달되어 있다. 비는 겨울(북아프리카에서는 12~1월, 남아프리카에서는 6~9월)에 집중되며, 월평균 기온은 열대성 기후 지역보다 낮아, 겨울에는 약 10℃까지 떨어진다.
- 아열대성 해양 기후(Thicket) : 습한 아열대성 해양 기후는 아프리카 남동부 해안지대에서만 나타나는 기후로 이 지역에서는 연중 내내 비가 내리며 여름에 집중호우가 쏟아진다.
- 온난한 고산 기후(Temperate grassland and mountain grassland) : 남부 아프리카의 고지 벨트(Highveld)에서 볼 수 있는데, 비가 내리는 양상은 열대습윤건조 기후의 경우와 유사하나 고도에 따라 기온 차가 매우 심하고, 해안 지대로 갈수록 해양성 기후에 가까우며, 겨울에 비가 내리는 경우가 많다.
- 산악 산림-툰드라 기후(Mountane Forest Tundra) : 에티오피아 산악 지대와 동아프리카 호수 유역은 산악 기후 지역에 속한다. 이 지역의 기온은 주변 지역들에 비해 현저히 낮으며, 킬리만자로와 같이 높은 산꼭대기에서는 눈이 내리기도 하지만 비가 내리는 모습은 인근 저지대와 유사하다.

남아프리카공화국의 산등성이에 자생하는 알로에(*Aloe ferox*)

식물에 있어서 원산지는 처음으로 식물이 자라던 서식지(habitat)라 할 수 있다. 즉, 그 식물에 있어 가장 적합한 환경이라는 뜻이며 그 원산지를 중심으로 기후의 변화에 의하여, 혹은 인간의 재배 목적에 의하여 여러 곳으로 전파되어 온 것이다. 알로에가 아프리카 지역에 몰려 있는 이유도 이곳 환경이 알로에가 생육하기에 최적조건이었으며, 그로 인해 비슷한 종들이 집중적으로 많이 분포하는 것이다.

다육식물을 포함해서 알로에를 가꾸는 것은 그리 어려운 일이 아니다. 가장 일반적인 방법으로는 배수가 잘되는 토양에 물을 적게 주고 일 년에 한 번 토양을 바꿔 주면 그만이다. 하지만 단지 가꾸는 것(생존)만으로 사람들은 만족하지 못한다. '이 식물의 이름은 무엇일까?', '이 식물은 어떻게 하면 꽃을 피울까?', '어떻게 하면 건강하게 자랄 수 있을까?' 하는 의문들이 식물에 관심을 가지는 순간 떠오르게 된다.

이러한 의문들을 해결하기에 가장 좋은 방법은 식물체를 들고 전문가를 찾아가거나, 관련 도감을 사서 직접 확인해 보는 것이다. 또한 요즘에는 인터넷에 관련 자료들이 많아 손쉽게 구해 볼 수도 있다. 하지만 다육식물의 대부분이 주변에 많이 알려지지 않았고, 관련 도감을 찾더라도 형태적 특성에 관련된 자료가 대부분으로 재배 및 관리에 대한 정보는 실망스러운 정도이다. 따라서 알로에뿐만 아니라 모든 식물을 재배하는 데 있어 관련 정보가 없거나 자신이 직접 전문가가 되고 싶다면 가장 먼저 그 식물의 원산지를 확인하고 그곳의 환경에 대해 이해해야 한다.

Aloe ferox

한 가지 예를 들어 보자. 별모양의 스쿠아로사(*Aloe squarrosa*)는 주변 농원에서 쉽게 접할 수 있는 알로에 중 하나이다. 인터넷이나 도감을 들여다봐도 물은 조금씩 주고 겨울철에는 영하로 떨어지지 않도록 주의해야 한다는 일반적인 정보밖에 얻을 수 없는 경우, 실망하지 말고 소코트라(Socotra)라는 원산지를 떠올리는 것이 정답이다. 지리적으로 고립된 소코트라 섬은 인도양의 갈라파고스라 불릴 정도로 희귀동식물의 보고이다. 인터넷에서 확인해 보면 '고립된 섬, 고온 · 건조, 스텝 · 반사막' 이란 정보를 얻을 수 있다. 스쿠아로사가 형태적으로 소형에 포복형 특성을 가진 것을 결합해 보면, 이 식물의 생육 조건은 1) 고온 · 건조한 조건과 10℃ 이하로 떨어지지 않도록 관리해야 하며 2) 약간의 차광이 필요하리라 예상되고(소형종) 3) 여름철에 관수를 많이 하고 겨울철에는 엽수를 하는 것이 바람직하다(스텝 기후와 섬이라는 조건). 추가로 '석회암 고원' 이라는 정보까지 입수할 수 있다면 배수가 잘되는 알칼리성 토양에 적합하다는 사실도 확인할 수 있다.

실제로 스쿠아로사는 의외로 번식도 잘되고, 5℃ 이상의 조건만 갖추면 좀 더 혹독한 상황에서도 잘 견디는 재배가 용이한 알로에 중 하나이다. 다만, 이러한 정보를 바탕으로 경험을 가미해야만 스쿠아로사에 대한 전문가가 되었다고 할 수 있을 것이다. 위기의 상황에서 현명하게 문제에 대처해 나갈 수 있는 사람이 전문가이고, 우선적으로 가장 기본을 알아야 한다는 의미에서 원산지를 설명하고 있는 것이다.

문헌 : 3), 4), 5), 6), 7), 9), 11), 12), 13), 14), 15), 17), 19), 24), 26)

Aloe cryptopoda(=Aloe wickensii)

Part 2
알로에 분류

다육식물에 포함되는 식물은 매우 다양하며 알로에는 환경에 따라 형태가 심하게 변하기 때문에 정확한 분류를 하기 어려운 편이다. 다육식물의 분류체계 및 특징에 대하여 살펴보며 알로에가 다른 다육식물과 어떻게 다른지 알아보자.

Part 2. 알로에 분류

Aloe variegata

다육식물에 포함되는 식물은 매우 다양하다. 또한 눈으로 보이는 형태적 생김새가 매우 비슷하기 때문에 혼돈을 불러일으킬 수 있고, 정확한 이름(학명)을 찾기 위해서는 많은 노력이 필요하다. 또한 주변에 다육식물에 대한 전문도감이 존재하더라도 도감에 따라 다르게 표기되었을 가능성이 있으며, 저자 및 출판된 지역에 따라서도 달라질 수 있다.

분류학은 스마트폰을 들고 세계 곳곳의 친구들과 실시간으로 이야기하는 현 시점에도 제대로 확립되지 않은 매우 어려운 분야이다. 광학현미경의 활용, 식물 DNA를 이용한 과, 속간의 유연관계를 분석하는 기술이 발전함에 따라 분류학은 기존의 형태적 특성을 중시한 방법에서 분자학적 계통분류법으로 바뀌는 추세에 있다고 할 수 있다. 그렇기 때문에 현재 우리가 알고 있는 분류체계(classification system)는 달라질 수 있다는 것이다. 하지만 분자학적 기술이 아무리 발전하더라도 형태학적 · 생리학적 특성을 무시하고는 식물간의 유연관계를 정확히 구분할 수 없기 때문에 집 안에서 식물체를 가꾸는 우리들은 형태학적 특성을 최대한 활용하여 동정(Identification)할 수밖에 없으며, 이것이 가장 합리적이자 정확한 방법일 수 있다.

그렇다면 앞으로 어떻게 하면 주변에서 가꾸고 있는 식물의 분류체계를 확인하고 성공적으로 이름을 확인할 수 있을까? 우선 주변에서 식물도감을 확보하고 사진을 보며 형태적으로 비슷한 식물을 찾아봐야 한다. 하지만 식물체가 미성숙하고 개화하지 않은 경우에는 사진을 아무리 들여다봐도 비슷한 형태의 종을 확인할 수 없다.

다육식물도 유사하지만 알로에의 경우에는 생육년수는 물론이고 수분, 온도 등 환경에 따라 형태

Aloe mozambique

가 심하게 변하기 때문에 정확한 알로에 종의 동정은 어려운 편이다. 또한 종에 따라 다르지만 연중 개화하는 소형종 알로에가 있는 반면, 2~3년에 한 번 개화하는 거대종도 존재한다. 같은 종의 알로에가 지역에 따라서도 꽃, 잎, 가시의 색상, 줄기의 높이 등 다양한 면에서 변화가 심하다면 형태적 특성을 기준으로 동정한다는 것 자체에 무리가 있다. 하지만 대체적으로 화서(화축에 달린 꽃의 배열) 및 화경, 라세메 등의 형태와 색상 등 환경의 영향을 덜 받는 부분이 있기 때문에 종의 구분이 가능하며 종별로 핵심적인 특성들이 도감에 기술되어 있어 생식기관의 특성과 더불어 참고한다면 그리 어려운 일도 아니다. 또한 유사하게 보이는 종, 속에 대한 특성도 확인하여 비교하는 습관을 들인다면 보다 정확한 종 동정이 가능하리라 예상된다.

'Part 2. 알로에 분류' 에서는 다육식물의 분류체계 및 특징에 대하여 설명하면서 알로에가 다육식물과 어떻게 다른지에 대해서 상세히 이야기해 보도록 하겠다.

1. 다육식물의 분류 및 특징

Aloe vryheidensis

알로에 속의 경우, 이전에는 백합목 백합과로 분류되었지만 2003년 APG II system에 의하여 아스파라거스목 아스포델라아과로 분류를 권장하였다. 또한 2009년 APGIII system에 의해 아스파라거스목 크산토로이아과로 분류체계가 변화하였다. 하지만 한국은 물론 알로에가 원산지인 아프리카 및 대부분의 지역에서도 백합목 백합과 알로에아과로 분류되는 경우가 많다.

분류학을 포함해 모든 학문에는 진리란 존재하지 않는다. 진리라고 생각되어지는 원칙은 단지 그 시대를 살아가는 학자들 사이에 보편적으로 인정되는 학설일 뿐이다. 따라서 여기서는 혼란을 피하기 위하여 과 이상의 분류체계를 거론하지 않고 오랫동안 인정되어 왔던 백합과 알로에족(때때로 알로에아족)인 알로에아과(Aloaceae)라는 기준을 가지고 설명하지만, 향후 크산토로이아과로서의 비중이 증가하리라는 것에는 의심의 여지가 없다.

그러면 '왜 굳이 분류체계를 거론하는 것일까?', '단순히 알로에라고 표현하고 그 안에 포함되는 이름들을 나열하면 안 되는 것일까?' 라는 의문이 들 것이다. 분류체계는 대상식물의 중요한 특성을 지표로 공통점과 차이점을 분류하여 나열한 것이므로 이를 통해 식물에 대한 많은 정보를 얻을 수 있기 때문이다.

피자식물(속씨식물; angiosperm)이란 정보에서 알로에는 꽃이 피고 열매를 맺으며, 밑씨가 씨방 안에 들어 있다는 점을 알 수 있다. 그리고 벼(쌀)와 같이 씨앗 속의 배(胚)에서 한 개의 떡잎이 형성되는 단자엽식물이라는 것도 알 수 있다. 또한 잎자루가 없고 잎은 나란히맥이며, 줄기의 관다발이 불규칙적으로 분포하며, 형성층이 없어 나이테를 확인할 수 없고 줄기는 두꺼워지지 않는 특징을 가지고 있다. 꽃에는 화피가 뚜렷하며 외화피와 내화피로 나눌 수 있고, 암술 1개,

수술 6개로 열매는 삭과라는 정보를 얻을 수 있다. 'Part 1' 에서 알로에의 생육 조건을 설명하며 원산지 정보의 중요성에 대하여 이야기했듯이, 알로에 종을 판별하는 데 있어 분류체계는 다양한 정보를 제공해 줄 것이며 이와 함께 형태적 특성을 비교해 보면 다육식물에 대한 이해를 높일 수 있다.
다육식물의 일반적인 특징은 다음과 같다.

- CAM 식물로 수분 증발이 많은 낮에는 기공을 폐쇄하고 한밤중에 기공을 열어 호흡하므로 수분의 손실을 최소화한다.
- 잎이 없거나 작아졌거나 원통형 또는 구형의 모양으로, 광합성이 일어나는 장소가 잎보다는 줄기인 경향이 많은데, 선인장은 줄기에서, 알로에는 잎에서 광합성을 한다.
- 전체 형태가 중앙으로 모여든 원주형 또는 구형의 생장형태를 갖는데 대부분 콤팩트한 형태를 하고 있다.
- 기공이 다른 식물에 비해 적고, 다육질은 수분이 흡수되면 신속하게 부피를 증가시킬 수 있도록 고안되었다.
- 왁스코팅이 되어 있거나, 털 또는 가시가 있는 바깥표면은 공기의 순환을 억제하고 주위의 습도를 높이는 역할을 하여 그 결과로 인하여 수분 손실을 막고 그늘을 만든다.
- 뿌리는 토양의 표면에 가깝게 분포하기 때문에 적은 강우로부터도 많은 수분을 흡수할 수 있다.
- 높은 내부 온도에도 불구하고 수분을 가득 유지할 수 있는 점액질 형태를 취하고 있다.
- 큐티클층이 두껍고 태양에 노출되는 부위는 표면적이 작은 편이다.

알로에 분류체계(APG Ⅲ system 기준)

계(Kingdom)	식물계(Plantae)
문(Division)	피자식물문(군)(angiosperms)
강(Class)	단자엽식물강(군)(monocots)
목(Order)	아스파라거스목(Asparagales)
과(Family)	크산토로이아과(Xanthorrhoeaceae)
아과(Subfamily)	아스포델라아과(Asphodeloideae)
속(Genus)	알로에속(Aloe)

부록 3 CAM(Crassulacean Acid Metabolism) 식물

야간에 기공이 열려서 체내에 있던 산소를 배출하고 CO_2를 흡수하여 유기산(말산)으로 변환시켜 액포에 축적시킨다. 낮에는 기공이 닫히고 저장해 놓은 말산을 탈탄산반응을 통하여 탄산이온으로 만드는데, 이 탄산이온이 광합성 탄소환원회로(Photosynthetic carbon reduction cycle; 칼빈회로)로 들어가 당질을 생합성한다. 이렇듯 낮에는 기공을 닫아 증발을 방지하기 때문에 체내 수분의 손실이 적어 건조한 기후에서 자생하는 식물들이 생존하기 위해 선택한 진화의 한 방법이다. CAM이라는 이름에서도 연상되듯이 돌나물과(Crassulaceae)는 물론 선인장, 알로에 등 다육식물 대부분이 이러한 방법으로 광합성을 하는데, CO_2를 흡수하여 유기산으로 저장하는 공간이 제한되어 광합성의 양이 한정되기 때문에 C3, C4 식물에 비해 매우 비효율적이고 그 결과로 생장 속도가 느리다.

부록 4 APG Ⅲ 분류체계에 의한 알로에의 계통수(Phylogenetic tree) 및 알로에와 비슷한 다육식물

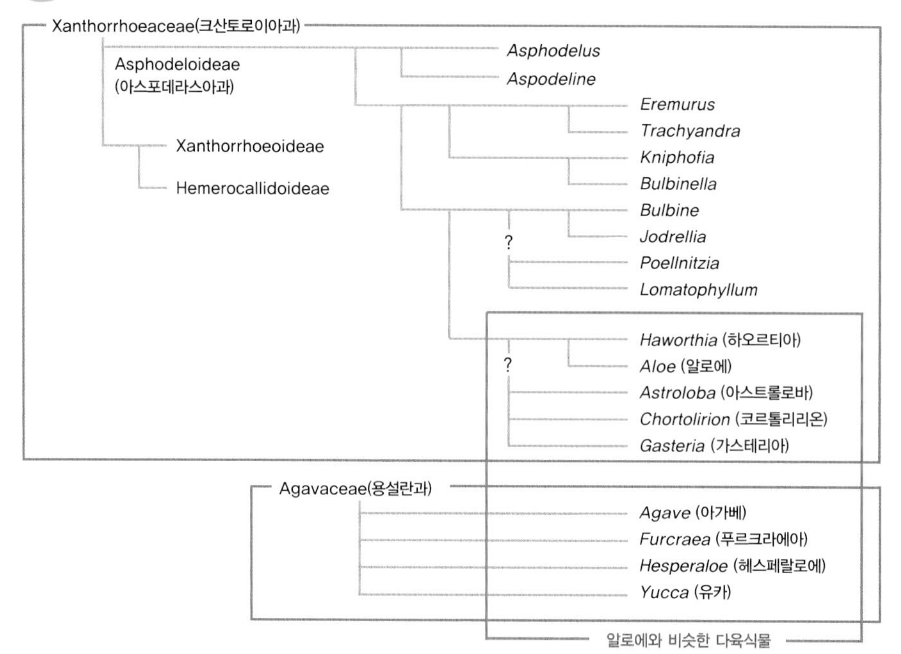

엽록체 유전자인 rbcL, matK, ndhF의 DNA sequences를 이용하여 계통분석한 내용을 기초로 2009년 피자식물 계통연구 그룹(APG; Angiosperms Phylogeny Group)이 발표한 크산토로이아과의 분류체계이다.

2. 대표적인 다육식물

석죽목 선인장과는 이미 여러 도감을 통해 잘 알려져 있기 때문에 여기서는 생략하기로 하고, 우리나라에서 잘 알려져 있거나 알로에와 비슷한 다육식물은 다음과 같다.

석죽목 번행초과(Caryophyllales Aizoaceae)

● Lithops(리톱스) : 남아프리카가 원산지이고 학명은 '돌 같은 형태'를 의미하는 고대 그리스어에서 유래되었다. 바위 주변에서 융화됨으로써 자신의 몸을 보호하고 둥글납작한 잎 틈 사이에 분열조직을 포함하며 이곳에서 꽃과 새로운 잎이 발생한다. 잎의 대부분이 토양 속에 매몰돼 있는데 상위 부분에서 빛을 받아들여 광합성을 한다. 대부분 가을이 되면 새로운 한 쌍의 잎이 완전히 성숙한 후 틈 사이에서 노랗거나 하얀 꽃을 피운다.

Pleiospilos compactus ssp. canus

범의귀목 돌나물과(Saxifragales Crassulaceae)

● Aeonium(아에오니움) : 아열대 기후의 카나리아 서도에 많이 자생하며, 마데이라 서도, 모로코, 동아프리카에도 각각 몇 개의 종이 자생한다. 잎은 줄기의 기부로부터 발생하여 로제트 형태가 되며 원예용으로 수 개의 종이 유통되고 있다. 여름철 더위에 약하고 다습하면 뿌리가 썩기 쉽다. 또한 내한성이 없기 때문에 서리를 맞으면 생존하기 힘들다.

Crassula ovata 'Golam'

● Crassula(크라슐라) : 확인된 원종만 500종이 넘는, 그리스어로 '두꺼운'이란 의미의 크라슐라속은 대부분이 두꺼운 다육질 잎을 가지고 있기 때문에 붙여진 이름이다. 남아프리카가 원산지로 아프리카 전역 및 주변 도서의 사막 또는 초원 지대에 자생한다. 종간교잡에 의해 다수의 원예품종이 육성되어 왔다. 줄기는 두껍고 직립하며 잎의 색이나 형상이 형형색색이라 관상용 식물로 재배되고 있다.

Crassula pcrfoliata

● Dudleya(두들레야) : 북아메리카 남서부를 원산지로 하는 다년생 다육식물로 약 45종이 존

Echeveria glauca

Echinus maximilianusi

Kalanchoe blossfeldiana

재한다. 생기 있고 반들반들한 회녹색 잎은 기저를 중심으로 로제트를 이루고, 화서는 수직으로 1m까지 자라지만 대부분 짧고 호생엽 같은 포엽을 가진 접산화서 형태의 라세메를 이룬다. 작은 꽃잎과 꽃받침은 5개이고 5개의 암술과 10개의 수술을 가진다.

- Echeveria(에케베리아) : 멕시코에서 남아메리카의 북서부를 원산지로 하는 대표적인 다육식물로 대부분이 많은 포복가지(offset)를 형성한다. 많은 관수와 시비를 선호하기는 하지만 음지나 약간의 서리에서도 견딜 수 있다. 분주 및 엽삽에 의한 번식이 가능하며 육성종이 아닌 경우에는 종자 번식도 가능한데 여러 번 종자를 형성하는 다결실(polycarpic) 특성을 갖는다.
- Kalanchoe(칼랑코에) : 원산지는 아프리카 남동부 지역으로 다육질의 잎을 가진 다년생 초본이다. 칼랑코에속의 종들은 형태와 색상이 매우 다양하며, 단일식물로 짧아지는 광주기에 반응하여 꽃을 피우기 때문에 야간 조명 등에 의해 실내에서는 꽃이 피지 않을 수도 있지만 반대로 광주기를 조절하면 일 년 내내 꽃을 만끽할 수도 있다.
- Sedum(세덤) : 아시아, 유럽, 북아메리카 등 북반구 전역에 서식하는 다육식물로 400여 종이 존재한다. 황색 또는 흰색 꽃이 피며 취산화서의 형태이나 일부는 총상화서로 꽃은 엽상의 포엽에 둘러싸여 있다. 워낙 건조한 기후나 추위 같은 악조건에 잘 견뎌서 세계 곳곳의 정원에서 많이 기른다.

아스파라거스목 크산토로이아과(Asparagales Xanthorrhoeaceae)

- Astroloba(아스트롤로바) : 하오르티아와 매우 유사한 특성을 지닌 다육식물로 형태가 짧고

얇으며 때때로 포복 형태를 취하는 줄기에는 작고 날카로운 삼각형의 잎이 붙어 있는데 방초지처럼 가축을 사육하는 곳에서는 위험 요소로 작용한다. 꽃은 대부분 하얀색을 띠는데 형태가 알로에와 비슷한 다른 종에 비해 현저히 다르다.

- Bulbine(불비네) : 오스트레일리아에도 몇 종이 자생하지만 대부분 남아프리카에 분포하는 불비네속은 구근(bulb; 알뿌리)과 같은 덩이줄기 형태에서 유래되어 이름이 붙여졌다. 별모양의 눈에 띠는 노란색 혹은 주홍색 꽃은 꽃잎이 완전히 열려 있고 털이 많은 수술대는 알로에 및 유사 속과는 확연히 구분되며 대부분의 종이 작고 눈에 띠지 않아 관상용으로는 적당하지 않다.

Sedum rubrotinctum

- Chortolirion(코르톨리리온) : 오직 한 종(Chortolirion angolense)만이 여기에 포함되는데, 하오르티아의 꽃과 매우 유사하나 겨울이 되면 잎이 지며, 지중 알뿌리를 가진다. 일반적으로 남아프리카의 초원에서 자생하는데 꽃이 피지 않으면 거의 찾을 수 없을 정도로 풀과 같은 형태를 하고 있다.

Gasteria carinata

- Gasteria(가스테리아) : 사람의 위처럼 생긴 꽃에서 이름이 붙여진 남아프리카 원산의 가스테리아는 알로에 및 하오르티아와 매우 밀접한 연관이 있다. 잘 건조된 모래 토양에서 재배해야 하는데 주요 종들이 약간의 차광을 좋아하지만 직사광선은 가급적 피하는 것이 좋다. 관수는 봄에서 가을에 걸쳐 자주 줘야 하지만 식물체에 직접 주면 안 된다.

Haworthia fasciata

- Haworthia(하오르티아) : 남아프리카 토착의 다육식물로 평균 20cm 정도의 크기로 잎의 형태나 색상이 매우 다양한 반면, 작고 하얀색 꽃은 종간에 매우 비슷하다. 알로에, 가스테리아, 아스트롤로바와는 속간 교잡종이 알려져 있을 정도로 밀접하게 연관되어 있고 관상용으로서 높은 관심을 끌고 있다.

Haworthia limifolia

아스파라거스목 용설란과(Asparagales Agavaceae)

- **Agave(아가베)** : 멕시코가 원산인 상록다년초로서 다육질 잎의 가장자리에 날카로운 가시가 있는데, 일반적으로 생장이 매우 느려서 꽃을 피우기까지 수십 년이 소요되기 때문에 세기식물이라는 별명이 붙었다. 대부분 한 세대에 개화 · 결실한 후 식물이 서서히 말라 죽는 일회결실성(Monocarpic) 식물이다.
- **Furcraea(푸르크라에아)** : 멕시코를 포함하는 남아메리카 북부의 열대성 기후에서 자생하는 다육식물로, 우리나라에서도 잘 알려진 황변만년란(Furcraea selloa var. marginata)은 30년 만에 개화 · 결실하고 말라 죽는 일회결실성 식물이다. 아가베와 형태적으로 매우 유사한데 종에 따라 나무와 같은 규모의 형태도 존재한다.
- **Hesperaloe(헤스페랄로에)** : 미국 텍사스 또는 멕시코의 건조한 지역에서 자생하는 다육식물로 기저가 되는 로제트에서 얇은 잎들이 생성된다. 아메리카 알로에라 불릴 정도로 알로에와 유사한 점이 많지만 잎이 얇고 세로 방향으로 심하게 휘어져 있으며 보기 좋게 말려 있는 가장자리의 잎섬유(leaf fibre)가 특징이다.
- **Yucca(유카)** : 북아메리카, 중앙아메리카 또는 서인도 제도의 덥고 건조한 지역에서 자생하는 다육식물로 50여 종이 포함되어 있다. 튼튼하고 칼 같은 형태의 잎이 모여 로제트를 구성하는데 충매화로서 화분매개자(pollinator)와 공생관계에 의해 수분되어 종자를 결실하는 특이한 형태를 취한다.

Agave lechuguilla

Agave utahensis ssp. kaibabensis

Graptopetalum bellum

3. 알로에의 일반적인 특징

식물도감이란 대상으로 하는 식물체가 어떤 식물인지 사진(삽화)을 통하여 형태 및 특성을 기록한 책이다. 도감에는 식물 사진(화서 등 꽃 사진 중심)과 더불어 일반적으로 학명(scientific name), 원산지(origin), 자생지 분포(distribution) 현황, 형태학적 묘사, 재배 및 관리 등 관련 기타 사항이 기재되어 있다. 독자들은 그 사진과 설명을 보며 원하는 식물체의 이름과 특성을 확인할 수 있는 것이다.

알로에는 나이 및 환경에 따라 형태가 다양하게 변화하기 때문에 종을 구분하는 데 있어 어려움이 많다. 또한 국내에는 알로에에 대한 도감이 없을 뿐더러 외국의 도감을 이용하려 해도 자국에 자생하는 종만을 수록하여 종의 개수가 극히 제한되어 있으며 도감에 따라 종을 다르게 분류하는 경우도 흔하게 볼 수 있다. 'Part 1. 다육식물과 알로에' 에서 일부 언급한 내용이지만 알로에에 대한 전체적인 이해를 돕고 동정 및 관리에 도움을 주고자 영양기관(vegetative organ) 및 생식기관(reproductive organ)으로 나누어 특징을 설명해 보면 다음과 같다.

줄기(Stem)

*Aloe mawii*의 줄기

예전부터 알로에에 대해 다년생 초본(perennial herb)이라는 용어를 사용해 왔다. 다년생(perennials)이란 생육기간이 1~2년이 넘는다는 것을 의미하며 초본이란 지상부, 특히 줄기가 연하고 물기가 많아 목질을 이루지 않는 것을 말하고, 초본과 반대말인 목본은 줄기가 비대해져서 질이 단단한 것을 의미한다. 알로에의 경우, *Aloe dichotoma*와 같이 나무형으로 줄기가 경화된 듯 보이는 것도 있고, *Aloe albiflora*처럼 초본과 같은 형태를 취하는 것도 있다. 하지만 알로에는 단자엽식물의 특성상 관다발이 불규칙적으로 흩어져 있고, 형성층이 없어 굵어지지 않으며 따라서 나이테 또한 없기 때문에 일반적으로 초본으로 분류하고 있다.

알로에 줄기는 대부분은 잎이 말라서 떨어진 흔적이 있는데 그로 인해 줄기라 부를 수 있는 형태가 되는 것이 있고 *Aloe mawii*나 'Part 3. 다양한 알로에 종' 에서 소개될 'Rambling Aloe' 처럼 절간이 신장하는 것처럼 보일 수도 있다. 하지만 단지 생육 습성의 차이일 뿐 모든 알로에에는 줄기가 존재하며 종에 따라 줄기와 잎의 생장 속도에 차이가 있다.

뿌리(Root)

일반적인 알로에의 뿌리는 줄기에서 2차적으로 형성된 부정근계(adventitious root system)를 가지고 있고, 이러한 근계는 오직 토양 표면에서 몇 센티밖에 자라지 않는다. 뿌리는 비교적 부드러우며 일반적으로 시간이 흘러도 굵어지지 않아 단단한 암석을 뚫을 수 없고, 손상을 입은 뿌리는 밝은 노란색으로 변해 버린다. 오른쪽 사진은 줄기에서 발생한 부정근의 한 예로, 곁뿌리가 자라지 않는 수염뿌리 형태를 취하는데 외떡잎 식물은 대부분 이러한 습성을 지닌다.

Aloe sp. '천조성' 의 부정근

일반적으로 뿌리는 지상부를 지탱하고, 양분 · 수분을 흡수하는 역할을 하는데, 이는 알로에도 마찬가지이다. 단지 위의 설명과 같이 적은 강우에도 많은 수분을 흡수할 수 있도록 고안된 것이 알로에 뿌리의 특징이고, 줄기에 기근(aerial root)이 발생하는 경우도 있다. 참고로 알로에는 대부분 중성 토양을 좋아하지만 산성 토양과 알칼리성 토양을 선호하는 종들도 있다. 선인장 중 일부 종은 뿌리에서 산성 물질을 분비하여 토양을 산성화시키는 경우가 있고, 석회암 지대에 자생하는 알로에 종들도 알칼리 성분을 중화시켜 철 · 아연 · 망간 등의 미량 원소를 흡수하지 않을까 예상된다.

잎(Leaf)

알로에는 풀처럼 얇고 긴 형태에서 넓고 짧은 다양한 잎을 확인할 수 있다. 잎은 건기에 생존하기 위하여 수분을 저장할 수 있는 다육질 잎이며 정도에는 차이가 있지만 대부분 많은 수분을 보유할 수 있다. 오른쪽의 *Aloe marlothii*처럼 엽연은 안쪽으로 둥글게 휘어진 U자 형태로 V자 형태의 Kniphofia종과는 구분되며, 잎들이

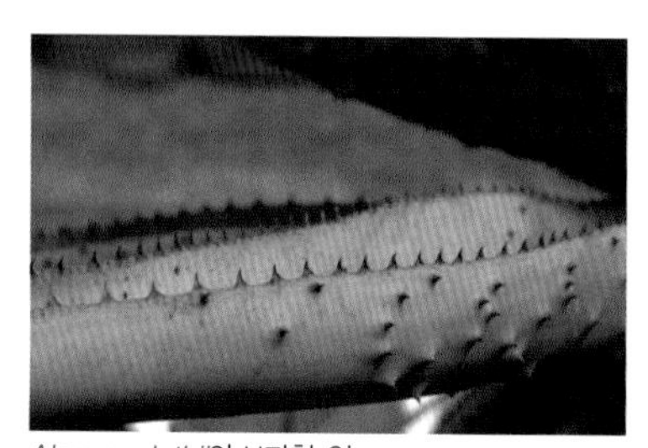

*Aloe marlothii*의 U자형 잎

모여 중심 부위에 배열된 로제트 형태를 띤다. U자형 잎의 장점 중 하나는 비나 수분을 수집하고 뿌리로 보내는 데 있어 매우 효과적인 역할을 한다는 점이다.
*Aloe plicatilis*와 같이 부채 형태의 이열생(distichous) 배열의 잎들도 알로에에서는 발견되는데, 일반적으로 알로에의 묘종 단계에서 발견되고, 성숙해짐에 따라 이러한 현상은 사라지며 뚜렷하게 로제트 형태가 된다.
대부분의 알로에 잎에는 섬유질이 없어 로제트로부터 쉽게 잘라낼 수 있으나 아가베(Agave)는 잎이 매우 강하고 섬유질이 많아 자르기가 힘들다. 또한 나무형 알로에를 제외한 대부분의 알로에에는 건엽들이 줄기 또는 로제트 하단에 치마 형태로 붙어 있다.

*Aloe lineata*의 성숙된 개체와 이열생 배열의 유묘

가시(Spine)

알로에의 엽연에는 종종 다양한 형태의 가시가 붙어 있고, 잎의 앞면과 뒷면에도 다양한 가시가 존재할지도 모르지만 대체로 없는 경우도 많다. 예를 들어 *Aloe marlothii*의 잎은 지역에 따라서는 가시가 없는 경우도 확인되지만 언제나 많은 가시로 뒤덮여 있고, 가장 매력적인 가시를 자랑하는 *Aloe aculeata* 또한 하얀 돌출 부위 위에 많이 돋아나 있다. 단지 몇 종을 제외하고는 알로에 엽연에는 가시가 분포하며 알로에 가시는 아가베(Agave)에 비해 날카롭고 단단하기 때문에 찔리지 않도록 주의해야 한다. 즉, 눈에 잘 띄는 가시가 존재하는 이유는 아마도 초식동물에게 보내는 위험 신호로, 알로에가 스스로를 보호하기 위한 도구일 것이다.

*Aloe mitriformis*의 하얀 연골성 가시

가시는 유래에 따라 1) Spines(탁엽이나 잎에서 변형된 가시) 2) Thorns(줄기에서 변형된 가시) 3) Prickles(잎이나 줄기와 같은 기관에서 변형된 형태가 아닌 표피에 위치한 조직으로부터 발전

하여 형성된 가시)와 같은 3가지 형태로 나눌 수 있는데, 엄밀히 따지면 알로에의 가시들은 Prickles에 해당된다.

반점(Spot)

많은 알로에가 잎에 반점을 가지고 있는데, 매우 넓은 것에서부터 하얀색 - 녹색, H자형, 2~3개가 나란히 연결된 형태 등 다양하며 잎 앞뒤 혹은 앞면에만 대부분 불규칙적으로 분포하고 있다. 대체로 유묘에서는 반점이 분포하지만 성숙해질수록 엷어지고 없어지는 경우가 많은데, 대표적으로 *Aloe vera*가 그렇다.

*Aloe trachyticola*의 불규칙한 반점

목초지에서 알로에를 구분하기 힘든 이유가 반점이 있기 때문이고 가스테리아(Gasteria)속과 마찬가지로 이것은 알로에가 가진 보호색이라 할 수 있다. 즉, 날카로운 가시나 불쾌한 냄새와 같은 특성을 가진 하얀색 반점들은 동물에게 경고를 하는 것으로 한 번 피해를 입은 동물들은 피할 것으로 예상된다.

화서(Inflorescence)

알로에는 아가베와는 달리 일회결실성 식물이 아니며 건강하고 성숙된 개체에서는 매년 꽃을 피운다. 화서는 꽃대에 달린 꽃의 배열을 말하는데, 알로에의 화서는 크게 총상화서(Raceme), 수상화서(spike), 원추화서(panicle)의 형태로 나눌 수 있고, 일반 다육식물에 비해 대부분 꽃이 밀집해서 붙어 있으며 다양한 색의 화서를 나타낸다.

*Aloe rupestris*의 노란색 화서

일반적으로 타가수분을 하는 알로에에 있어 화서의 화려한 색상은 많은 동물들을 멀리서도 불러올 수 있도록 잘 보이며, 성공적인 수분을 위해서는 매우 필요한 사항이다.

라세메(Raceme)

라세메는 정확히 표현하면 화서의 형태적 특성 중 하나를 나타내는 표현(총상화서)이다. 하지만 대부분의 알로에 관련 서적에서도 '화경의 정단에 여러 개의 꽃이 달려 있는 부분'을 라세메(Raceme)라 칭하고 있고, 형태적 특성이 아닌 명칭으로서 사용하고 있기에 여기에서도 라세메와 총상화서라는 표현을 다르게 사용하기로 한다.

*Aloe capitata*의 두상형 화서

알로에는 꽃이 필 때, 화경이 매우 높이 신장하고 화경이 분화하여 여러 개의 라세메를 구성하기도 한다. 대부분 소형종 알로에나 줄기가 가는 포복형 알로에, 그리고 성숙 단계의 알로에에서는 화경분화 없이 하나의 라세메만을 가지는 경우가 많다. 그 이외의 완전히 성숙한 알로에는 3~10개, 많은 경우 20개 이상까지 라세메가 달려 있는데, 예를 들어, *Aloe vera*는 보통 2~4개의 라세메를 가지나, *Aloe arborescens*는 오직 1개의 라세메를 가진다. 이것은 종에 따라, 그리고 같은 종일지라도 개화기의 환경 요인에 따라 변화될 수 있다. 일반적으로 다른 다육식물과 비교해 볼 때 알로에의 라세메는 길이가 길고 꽃이 밀집해서 붙어 있는 형태를 취한다.

꽃(Flower)과 화밀(Nectar)

모든 알로에의 꽃은 관(tubular) 모양을 하고 있고, 꽃은 6개의 화피로 둘러싸여 있으며 암술 1개에 수술이 6개이다. 특히 화피가 기부에 붙어 있는 형태는 종을 구별하는 중요한 특성이 된다. 화관은 대부분의 알로에가 만드는 많은 양의 화밀(nectar)을 보관하는 데 있어 매우 적당하고, 대부분의 알로에 종의 꽃은 아래로 향해 개화하기 때문에 비에 의해서 화밀이 희석되거나 씻겨 내려갈 가능성이 거의 없다. 그렇기에 새들의 접근성을 용이하게 한다.

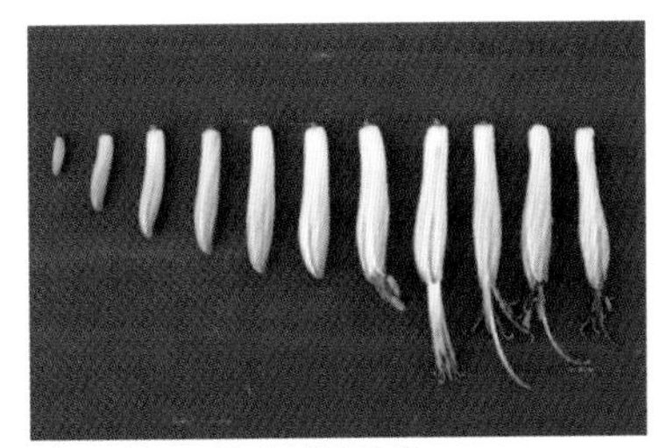

*Aloe africana*의 성숙시기별 꽃 .

대체적으로 화피는 색상이 빨강, 노랑, 주황색으로 다른 다육식물에 비해 매우 화려하며, 꽃 입구가 열리면 수술대가 자라서 밖으로 나오고 입구가 다른 색으로 변하는 경우가 대부분이다. 또한 수술대 및 꽃밥의 색도 주황색 계통을 띠기 때문에 화려해 보인다. 특히 꽃이 모여 있는 라세메는 일반적으로 단일 색채를 띠지만, 밑에서부터 개화하는 동시에 멀리서 보면 둘 또는 세 가지 색채의 느낌을 주는 경우도 많다. 하지만 색상은 종간뿐만 아니라 종내에서도 환경에 따라 다양할 수 있어 명확히 특정짓기는 매우 어렵다. 하지만 하오르티아(Haworthia), 아스트롤로바(Astroloba), 코르톨리리온(Chortolirion)의 대부분 꽃 또한 하얀색에서 갈색, 녹색, 핑크 또는 노란색으로 다양하지만 전체적으로 탁한 색상이고 단지 몇몇 가스테리아(Gasterias)만이 알로에처럼 선명한 빨강, 노란색 꽃을 가지기 때문에 다른 다육식물과는 비교가 가능하다.
대부분의 알로에 꽃은 일반적으로 밑에서부터 위를 향해 개화하나 *Aloe speciosa* 같은 종들은 위에서부터 아랫방향으로 개화하고, 암술이 수용적이 되기 전에 수술이 성숙해 버리는 경우가 대부분이라 웅예선숙(protandry) 형태의 자가불화합성(自家不和合性, self-incompatibility)을 나타낸다. 따라서 대부분의 알로에 종이 스스로 수분(受粉, pollination)을 할 수 없고 조류와 같은 동물의 힘을 빌려야만 하며, 일반적으로 파리와 같은 작은 곤충들은 매개체(pollinator)가 될 수 없다. 따라서 자연적으로 종간교잡종들이 많이 발생할 수 있는 유리한 조건이라 할 수 있다.

종자(Seed)와 묘종(Seedling)

알로에 종자는 대부분 상당히 작은 크기에 색은 검은 편이다. 또한 모나고 중간 부위가 살짝 두꺼우며 짧고 선명한 미성숙된 날개가 있어서 종자가 바람에 의해 비산할 수 있도록 도와준다.
알로에 묘종은 대부분 직사광선을 받지 않는 차광된 곳에서 생육을 시작해야 하는데 어린 묘종은 비교적 약한 뿌리망을 가지고 있기 때문에 몇 달 동안은 보호를 받아야 하며 이것은 생존에 있어 매우 중요한 일이다. 또한 어린 묘종은 초식동물에게 뜯기게 될지도 모르고, 해충에게 피해를 입기도 쉽다. 이렇듯 알로에 묘종은 외부로부터의 해를 막아 줘야 하는데 이를 담당하는 것은 사람이나 주변 식물일 수도 있으며 심지어 암석, 그루터기, 낙엽 등 주변에 떨어진 물체일 수도 있다. 일반적으로 자생지에서는 그들의 보호식물보다 금방 키가 자라 독립할 수 있으나, Grass 알로에와 같은 몇몇 알로에는 그들과 함께 지속적으로 공존해야만 살아남을 수 있는 것도 있다. 즉, 주변의 보호식물은 직사광선, 건조, 서리, 초식동물 등 다양한 외부의 적으로부터 알로에를 보호해 주며, 종자가 발아하고 성숙해 나가는 서식처를 제공함으로서 알로에가 혼자 독립할 때까지 부모나 친구로서의 역할을 해 준다.

왼쪽부터 시계방향으로 *Aloe pluridens, Aloe chabaudii, Aloe reitzii*

문헌 : 3), 4), 5), 6), 7), 8), 9), 13), 14), 15), 16), 17), 18), 19), 20), 23), 25), 26)

Aloe ciliaris

Part 3

다양한 알로에 종

현재까지 국내에서 출판된 알로에 관련 자료는 다육식물을 설명하는 데 일부 포함된 것에 불과하다. Part 3에서는 다양한 알로에를 분류하고 그 특성을 설명하고 있다. 알로에 종 분류의 기초적인 용어를 익히면서 다양한 알로에를 만나 보자.

Part 3. 다양한 알로에 종

Aloe africana

아직 우리나라에서는 알로에 종에 대한 일반명이 거의 없다. 즉, 알로에는 우리나라 환경에서 자연적으로 자생하는 식물이 아니기 때문에 거의 알려지지 않았고, 상업용이나 관상용으로 수입된 수십여 종밖에 이름이 붙여지지 않았다. 또한 그 이름도 일본에서 붙여진 이름의 한자음을 따서 부르는 경우가 대부분이고 학명 자체를 영문 또는 이탤릭 발음으로 혼동하여 사용하고 있다. 이는 알로에만의 문제가 아니라 식물 전체에 적용될 것이다.

알로에는 4,000년의 역사를 자랑하지만 현재까지 국내에서 출판된 알로에와 관련된 모든 자료는 다육식물을 설명하는데 일부 수록된 것에 불과하고 알로에 종을 특화하여 설명한 자료는 찾아볼 수 없다. 또한 다른 나라에서도 이와 같은 경향은 마찬가지여서 원산지인 아프리카에서만 몇 권의 책이 발행되었을 뿐이다. 하지만 멸종되고 있는 알로에를 보호하기 위하여 원산지인 아프리카 여러 나라에서 국가 식물목록에 등재하고 국외 반출을 엄격히 금지하는 등 알로에 보존에 심혈을 기울이고 있으며, 알로에 관련 학회를 만들어 지속적으로 연구하는 등 앞으로는 알로에와 관련된 많은 자료들이 출판되리라 예상된다.

분류의 기본단위는 종(species)으로 자신의 형질을 후손에게 유전할 수 있는 형태학적, 생리학적으로 독립된 분류군이다. 알로에는 일반적으로 미성숙 개체와 성숙 개체간의 형태적 특성의 차가 크고, 2년 이상 자란 개체에서만 꽃이 피며 광, 온도, 토양 등 환경요인에 의해 변화가 심하기 때문에 종의 구분(동정)에 어려움이 많다. 'Part 3. 다양한 알로에 종' 에서도 종을 분류하고 설명하는데 있어 많은 어려움이 있었지만 관련 참고문헌을 참고해 가며 알로에 종의 특성을 설명하기 위하여 다음과 같은 사항에 중점을 두었다.

- 알로에 개체의 전체적인 생육 특성을 기반으로 화서, 라세메, 화피, 포엽 등 생식기관의 특성을 중시하였다(환경적 변화가 거의 없는 생식기관은 잎의 색상이나 형태에 비해 알로에를 동정하는 데 있어 매우 중요하다).
- 550여 종의 알로에 종 안에서 형태적으로 특성을 분류하여 대표적인 알로에 종 일부를 수록하였다.
- 일반명이 존재하지 않아서 학명을 이탤릭 발음대로 한글로 표기하였으며, 영문명 및 아프리카 지방명도 같이 표기하여 종에 대한 이해를 높이도록 노력했다.
- 식물의 원산지를 적고, 문헌에서 참고가 가능하면 고도 및 강우량과 같이 원산지의 환경적 특성과 더불어 알로에가 자생하는 모습을 서술하여 생육 최적조건을 유추할 수 있도록 했다.
- 종의 특징은 전체 모양, 줄기, 잎, 개화 시기, 화서, 꽃의 순으로 서술하였으며 종의 학명 또는 일반명이 생육 특성과 관련된다고 판단된 어원에 대해서는 마지막에 기술하여 이름과 형태와의 관계를 이해하기 쉽게 준비하였다.
- 식물의 용도, 번식, 재배 및 관리에 따른 요점을 참고사항으로 기재함으로써 알로에를 주변에서 가꿀 수 있는 상상력을 제공하였다.

알로에 종에 따른 도감의 전체 구성도

이름(한글명)	
알로에 사진(화서 및 꽃)	
학명	3명법(=유사학명 / 영문명 / 지역명)
분포	원산지(환경적 특성 & 서식지 특성)
특징	전체 모양–줄기–잎–개화 시기–화서–꽃
참고	식물 용도, 번식, 재배 및 관리에 따른 요점
문헌	참고문헌의 번호 기재

1. 알로에 종의 구분

'Part 2. 알로에 분류' 에서 간단히 설명했지만 종의 판별, 즉 동정(Identification)은 DNA 염기서열을 지표로 유연관계(relationship)를 밝히는 새로운 단계에 이미 돌입했지만 기본적으로 식물의 형태 중 화서, 꽃과 같은 생식기관을 지표로 분류하고 있다. 그러나 같은 속(genus) 내의 종의 동정에 들어가면 구분이 매우 어려워진다. 즉 형태뿐만이 아니라 생육 특성 및 생리적 · 생태학적인 부분까지 주의를 기울일 필요가 있고, 다른 종과는 차별화된 특성을 가지고 있어야 한다. 이는 환경에 의한 변이를 포함할 수도 있지만 때로는 지리적 격리로 하나의 종이 형태적으로나 생리적으로 전혀 다른 아종이 될 수 있기 때문에 확정지을 수 없다. 다만, 현재까지 밝혀졌던 알로에의 종 분류는 형태학 · 생태학적인 기준을 통해 예전 학자들이 판단했던 결과물이고, 세대를 거듭함에 따라서 전혀 새로운 종이 생겨났을 가능성 또한 존재하기 때문에 바뀔 수 있다는 것이다. 특히 알로에의 경우 자연적인 속 · 종간교잡이 확인되고 있기에 종의 동정이나 유연관계는 분자유전학의 힘을 필요로 한다고 생각한다. 그렇기에 세분화된 종 동정은 현재 알로에를 연구하고 있는 젊은 학자들의 몫이기도 한 부분이다.

Aloe bulbillifera

종의 구분에 대하여 자세히 설명하려면 진화론부터 시작해서 분자유전학까지 해답을 찾아야 하고 전체적인 내용이 매우 어려워질 수 있기에, 여기서는 단순히 형태학적인 부분을 지표로 종 동정을 설명하고자 한다.

알로에 분류를 위한 전문용어 삽화 및 설명

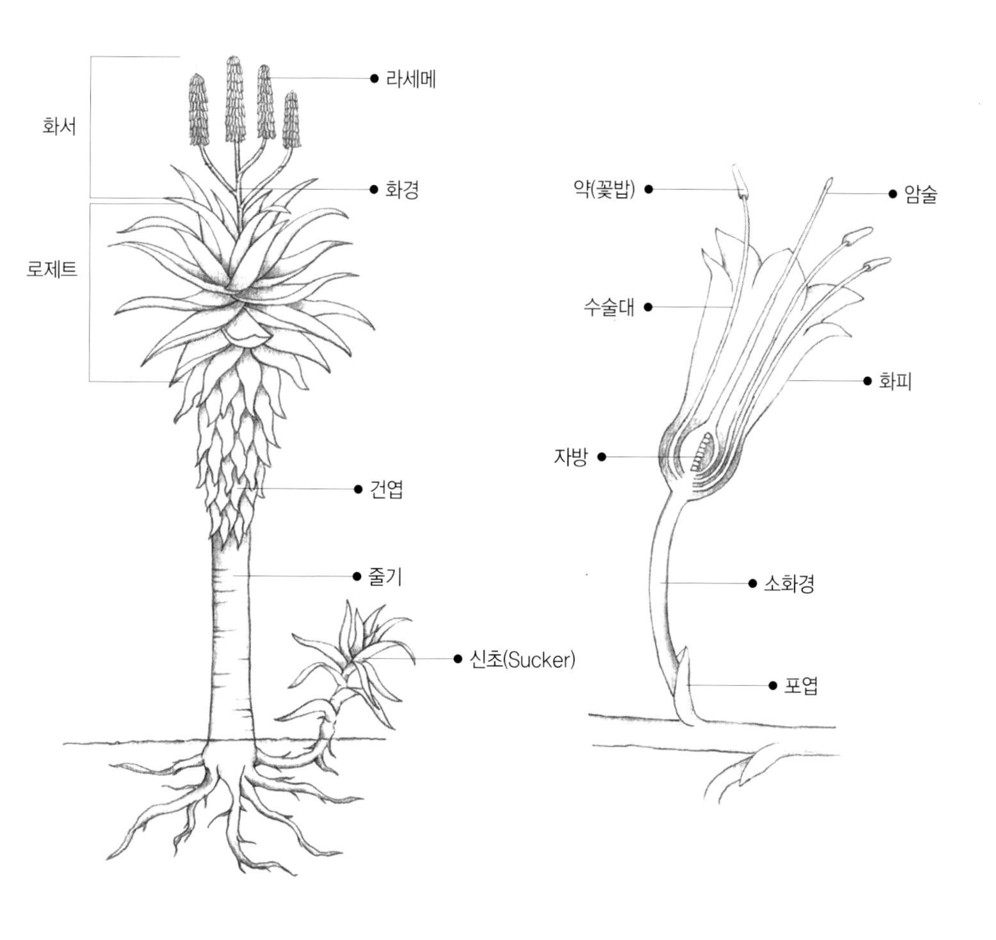

영양기관(Vegetative Organ)

줄기(莖; Stem)
- 원줄기(수간; 樹幹; trunk) : 지표면에서 올라온 주축이 되는 줄기
- 절간(節間; internode) : 줄기의 마디를 말하는데 여기서는 잎과 잎 사이의 거리를 의미
- 분지(分枝; offshoot) : 원줄기에서 새롭게 나오는 옆가지

로제트(Rosette) : 줄기에 잎이 밀집하게 붙어서 사방으로 퍼지는 형태

잎(葉; Leaf)
- 엽정(葉頂; leaf apices) : 잎의 끝 부분
- 엽연(葉緣; Leaf margin) : 잎의 가장자리
- 엽저(葉底; Leaf base) : 줄기와 잎이 만나는 부분
- 가시(葉針; spine)
- 건엽(乾葉; old dry leaves) : 오래된 잎이 말라 있는 것

생식기관(Reproductive Organ)

화서(花序; Inflorescence) : 화축에 달린 꽃의 배열
- 화경(花梗; peduncle; 화축; 꽃자루) : 여러 개의 꽃이 달려 있는 잎이 없는 대
- 포엽(苞葉; bract) : 꽃이나 화서를 감싸고 있는 잎
- 라세메(Raceme) : 여러 개의 꽃이 모여 있는 부분(Part 2-3 참조).
- 소화경(小花梗; pedicel; 작은 꽃자루) : 꽃을 받치고 있는 대
- 꽃(花; Flower)
- 화피(花被; perianth) : 내화피(inner segment), 외화피(outer segment)
- 암술(雌蕊; pistil) : 씨방(子房; ovary), 암술대(花柱;style), 암술머리(柱頭; stigma)
- 수술(雄蕊; stamen) : 수술대(花絲; filament), 꽃밥(葯; anther)

생장 습성(Growth Habit)

줄기의 생장 방향에 따라

- 경상성(傾上性) : 곧게 위로 자라는 것
- 복와성(伏臥性; decumbent; 덩굴성) : 줄기가 옆으로 퍼져나가는 것처럼 보이지만 끝이 위로 향하는 형태
- 포복성(匍匐性; procumbent) : 땅으로 기어가는 형태
- 근경성(根莖性; soboliferous) : 땅속에서 지하경이 발생하여 옆으로 뻗어나가는 형태

줄기의 습성에 따라

- 무경형(acaulescent) : 겉으로는 줄기가 없어 보이는 형태
- 유경형(caulescent) : 줄기가 땅 위에서 자라나 눈으로 확인이 가능한 형태
- 교목형(喬木; Tree) : 키가 크고 줄기가 곧고 굵으며 원줄기와 가지의 구별이 뚜렷한 형태
- 관목형(灌木; bush) : 키가 작고 원줄기와 가지의 구별이 분명치 않은 형태

줄기의 분화 · 새로운 개체의 발생에 관하여

- 분지(分枝; branching) : 측아발생 후 측아가 생장하면서 두 개 이상의 새로운 가지를 형성하는 것
- 양분화(양축분지; dichotomous branching) : 좌우의 가지가 거의 같게 갈라지는 형태
- 정아(頂芽; apical bud; terminal bud; 끝눈) : 식물체의 제일 위쪽에 발생한 눈(bud)
- 측아(側芽; lateral bud ; 액아; 곁눈) : 같은 줄기 내 정아의 밑에 발생한 눈
- 교잡종(交雜種; hybrid) : 서로 다른 두 개체간의 교배에 의하여 생성된 개체
- 신초(sucker) : 지하경을 통하여 발생한 모체와 동일한 개체

기타 잎 · 무늬 · 종자에 관하여

- 이열생(distichous; 이직열선) : 잎이 마주보며 자라는 듯한 잎의 배열 형태
- 줄무늬(stripe) : 잎의 세로 방면으로 줄처럼 나타난 무늬
- 반점(speckle; spot) : 잎의 앞 · 뒤에 불규칙적으로 나타나 있는 무늬
- 삭과(蒴果; capsule) : 과일의 속이 여러 칸으로 나뉘어져서, 각 칸 속에 많은 종자가 들어있는 형태

2. 다양한 알로에

왼쪽 위 사진부터 시계 방향으로 *Aloe brevifolia, Aloe littoralis, Aloe millotii, Aloe castanea, Aloe trachyticola, Aloe mitriformis*

18세기에 스웨덴의 식물학자 린네(Carolus Linnaeus)가 속명과 종명을 나열하는 이명법(binomial nomenclature)으로 식물의 이름을 명명하였는데 이 방법이 현재까지 전 세계적으로 사용되고 있다. 학명은 속, 종명은 이탤릭체로 표시하고 명명자는 고딕체로 구분한다. 종보다 하위에 분류군을 적용시킬 경우, 아종(ssp.; subspecies), 변종(Var.; variety), 아변종(ssubvar.; subvariety), 품종(for; form), 아품종(subfor; subform), 개체(cl.; clone)에 이르며 마지막으로 명명자의 이름을 붙이기도 한다(3명법).

하나의 예로 오른쪽 사진에 나타난 실리아리스의 학명은 *Aloe ciliaris* var. *ciliaris* Haworth로 *Aloe ciliaris* var. *redacta*, *Aloe ciliaris* var. *tidmarshii*와는 다른 종으로 구분되어지며 *Aloe ciliaris* var. *ciliaris*는 *Aloe ciliaris* 로 표기해도 무방하므로 이 책에서는 생략하였고, 혼동을 일으킬 수 있는 종(species) 이하의 분류군 또한 이 책에서 제외시켰다.

알로에 속에는 550여 종의 알로에 종들이 포함되어 있지만 이 책에서는 국내에 알로에 종을 처음 소개하는 차원에서 형태적으로 다양한 알로에 49종에 대한 사진과 특징만을 수록하였다. 수록된 알로에 종에는 많은 사람들에게 친근한 베라(Aloe vera), 아보레센스(Aloe arborescens)와 같은 종들도 있지만 우리나라에 아직까지 소개되지 않은 종들이 대부분을 차지한다.

알로에를 형태별로 분류하기 위한 기준을 잡기 위하여 Ben-Erik van Wyk와 Gideon Smith가 저술한 《Guide to the Aloes of south Africa》에서 제안한 10개의 그룹을 선정하였다. 이 그룹의 특징은 일반인들도 쉽게 접할 수 있도록 성숙한 알로에의 크기에 중심을 두고, 생육 특성 및 분지의 경향을 바탕으로 알기 쉽게 나열했다는 점이다.

Aloe ciliaris

비록 지금까지 출간된 외국 서적들의 분류 방법에 비해 단순한 느낌이 들고, 좀 더 상세하게 분류 기준을 잡을 수도 있지만 알로에 및 식물분류학을 전문적으로 공부하는 사람을 위한 책이 아니라 다육식물과 더불어 알로에에 관심을 가진 일반인을 대상으로 한 서적이기 때문에 위의 10개의 분류 체계를 더욱 단순화하여 본 서적의 방향성과 딱 들어맞는 6개의 그룹으로 형태를 구분하였다. 6개의 형태 그룹은 식물체 전체 크기가 큰 순서로 나열했으며 각 그룹의 종은 학명의 알파벳 순으로 배열하였다.

부록 6 알로에 분류를 위한 전문용어 삽화 및 설명

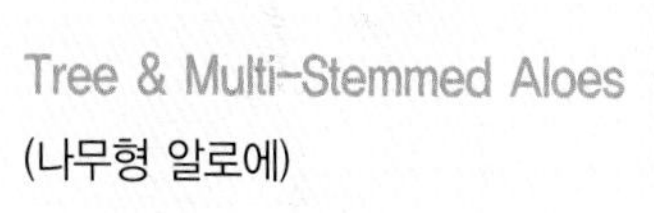

Tree & Multi-Stemmed Aloes (나무형 알로에)

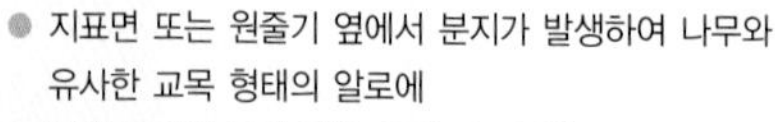

- 지표면 또는 원줄기 옆에서 분지가 발생하여 나무와 유사한 교목 형태의 알로에
- 전체 크기에 비해 작은 로제트로 구성
- 말라 죽은 잎은 자연적으로 떨어지는 특성

\+

- 몸통 부위가 짧고 지표면 부근에서 많은 가지가 발생하는 관목 형태의 알로에
- 잎이 심하게 휘어져 있거나 엽정이 위를 향해 구부러짐
- 일반적으로 화경의 분화가 없거나 매우 적음

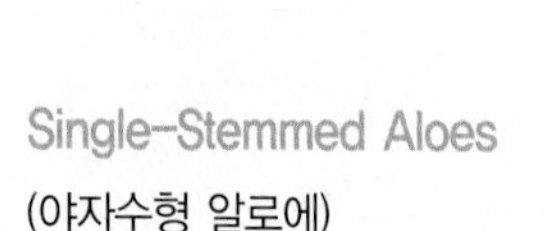

Single-Stemmed Aloes (야자수형 알로에)

- 야자수처럼 일직선의 원줄기를 가진 형태
- 하나의 큰 로제트를 구성
- 원줄기부터 새롭게 분지가 발생하는 경우가 없음
- 말라 죽은 잎들이 줄기에 붙어 있음
- 화경 분화는 보통 수준으로 3~10개 정도의 라세메로 하나의 화서를 이룸

Rambling & Creeping Aloes (포복형 알로에)

- 로제트의 방향이 최종적으로 위를 향함(복와성)
- 얇고 가늘지만 단단한 줄기를 가지고 뻗어나가는 형태
- 절간의 간격이 넓고 줄기를 감싸는 곳에 줄무늬가 있음

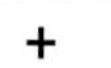

- 약간 다육질의 잎을 보유함
- 비교적 꽃이 적은 짧은 총상화서
- 10개체 이상의 중형 그룹을 이루고 자생함

- 줄기가 없거나 매우 짧은 형태
- 지표면에 붙어 있는 듯한 생육형태
- 잎이 넓고 긴 편에 속하며 다육질(겔) 부분이 발달함
- 하나의 독립적인 개체로 자생
- 드물게 소그룹으로 모여 자생

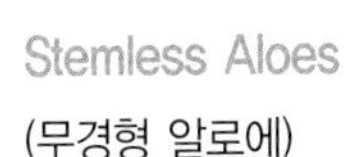

Stemless Aloes
(무경형 알로에)

- 짧은 줄기의 형태
- 잎 양면에 작고 불규칙한 반점
- 꽃의 형태가 관상(tubular)을 띰

+

- 줄기가 없거나 매우 짧은 줄기를 가진 형태
- 잎에는 많은 반점
- 총상화서는 대체로 두상형

Speckled & Spotted Aloes
(반점형 알로에)

- 로제트가 매우 작은 소형
- 그룹으로 모여서 자생
- 잎은 좁고 안으로 휘어졌으며, 솟아오른 하얀 결절을 가짐

+

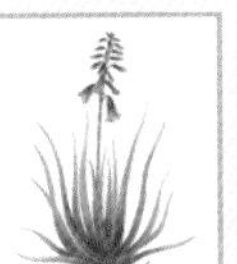

- 식물체가 호리호리하고 거의 줄기가 없음
- 잎은 길고 좁은 형태로 잎에서만 다육질을 보유
- 잎의 기부에는 종종 하얀 반점이 발생
- 화경 분화가 없는 화서 형태

Dwarf & Grass Aloes
(소형 알로에)

Tree & Multi-Stemmed Aloes
(나무형 알로에)

Aloe plicatilis

Tree Aloes

지표면으로부터 원줄기 옆에서 분지가 발생하여 흡사 나무와 유사한 외형을 가진 알로에를 말한다. 이 그룹에 속한 종들의 대부분은 원줄기에 가느다란 가지들이 양분화되어 사방으로 펼쳐진 느낌을 주고, 작은 로제트를 가지고 있으며 로제트 하위 부분의 말라 죽은 잎은 자연적으로 떨어지는 특성을 가진다. 또한 지리적으로 매우 제한된 공간에서만 자생하는 편이다.

- *Aloe barberae*
- *Aloe dichotoma*
- *Aloe plicatilis*

Multi-stemmed Aloes

몸통 부위가 짧고 지표면 부근에서 많은 가지가 발생하는 관목 형태의 알로에를 말한다. 이 그룹에 속한 종들은 대부분 잎이 심하게 휘어져 있거나 엽정이 위를 향해 구부러진 특성을 가진다. 또한 잎이 대부분 부드럽고 연한 연골성 가시를 가지며 이 그룹에 속하는 대부분의 종이 많은 지역에서 재배되어 정원수로서 매우 인기가 많다.

- *Aloe arborescens*
- *Aloe castanea*
- *Aloe mawii*
- *Aloe mutabilis*

Aloe mutabilis

Aloe plicatilis

Aloe barberae 바르베라에(바이네시)

학명 : *Aloe barberae* T.Dyer (=*Aloe bainesii* Th. Dyer / Tree Aloe / Boomaalwyn, Mikaalwyn)

분포 : **모잠비크, 남아프리카공화국** 아프리카 남동부 해안가를 따라 넓게 분포하는데 이곳은 연간 750~1,550mm의 강우량을 나타낸다.

특징 : 직경 1~3m, 높이 18m에 다다를 정도로 다른 알로에 종에 비해 가장 큰 종이며 분지가 많이 발생하는 나무형 알로에로 큰 관목과 비슷하다. 얇은 잎이 안으로 심하게 휘어져 있고, 절간이 다른 대형종에 비해 넓은 편이어서 구별이 용이하다. 원산지에서는 5~8월(제주 12~3월)에 개화하는데, 화서는 40~60cm 높이에 일반적으로 2~3개의 화경 분화가 이루어진다. 화피의 경우 색다르게 탁한 오렌지-핑크색을 가지는 유일한 종이다.

참고 : 줄기를 절단한 후 심어도 번식이 잘되며 일반적으로 기후나 토양을 가리지 않아 재배가 매우 용이한 종이지만, 극심한 서리나 한발에는 주의해야 한다.

문헌 : 1), 3), 4)

학명 : *Aloe dichotoma* Masson (Quiver tree / Kokerboom, Kokerbom)

분포 : **나미비아, 남아프리카공화국 케이프 북부** 바위가 많고 경사진 비탈면 등 매우 건조한 지역에서 자생한다. 주로 겨울철에 내리는 비는 연평균 125mm로 매우 적고, 매우 더운 날은 1월로 평균 온도가 33℃를 초과하는 지역이 많지만 겨울철은 극도로 추워질 수 있다.

특징 : 키가 크고 둥근 교목형 알로에로 줄기 중간 부위에서 분지가 발생한다. 이러한 분지는 2개로 양분화되어 나누어진 가지가 다시 양분화되는 형태를 나타낸다. 몇몇 지역에서는 가지 분화가 적은 반면, 대부분 지역에서는 매우 넓고 튼튼한 왕관 형태로 발육한다. 각각의 중심 가지에서는 신선하며 청록색의 잎을 가진 하나의 큰 로제트를 가진다. 엽연은 협소하고, 창백한 갈색빛 노란색을 띠는데 1mm 정도의 작은 연골성 가시가 나 있으며, 위로 향할수록 퇴화하여 작아진다. 원산지에서는 6~8월(제주 11월~12월)에 개화하는데 화서는 양분화되어 2~5개 정도로 나누어지며, 일반적으로 3개의 라세메를 갖는다. 꽃은 밝은 노란색으로 개화 기간이 다른 종에 비해 짧은 편에 속한다.

참고 : 비록 극단의 기후 조건에서 자라기는 하지만 차가운 여름철 강우량이 많은 지역에서는 생존하지 못한다. 반면 극도로 더운 지역에서도 자라고, 약간의 서리 저항성을 가지고 있으며 유리온실과 같은 조절된 조건에서는 생육이 증가한다. 번식은 대부분 종자로 번식하며, 경삽(줄기 나누기) 시에는 균의 침투와 수분의 이탈을 막는 약재의 도움이 반드시 필요하다.

어원 : Aloe dichotoma라는 이름은 나누어진 가지가 양쪽 모두 비슷하게 양분화(dichotomous branching)된다는 데서 유래된다.

문헌 : 1), 2), 3), 4), 7), 9)

학명 : *Aloe plicatilis* (L.) Mill. (Fan Aloe / Franschhoekaalwyn, Bergaalwyn)

분포 : **남아프리카공화국 케이프 남서부** 겨울철에 주로 많은 비가 내리는데 연간 600~1,200mm의 강우량을 나타내고 때때로 2,500mm에 이르는 경우도 있다. 케이프 남서부의 높은 암벽 경사지에서 제한적으로 자생하는데 이곳은 가끔 0℃ 이하로 온도가 떨어지기도 한다.

특징 : 분화가 잘되는 관목형 알로에로 튼튼한 회색빛 갈색 줄기가 양갈래로 나누어지고, 그곳에서 다시 나누어지는 등 줄기 분화가 왕성하다. 주름이 잡힌 각각의 가지 끝에는 파란빛 회녹색 잎이 부채모양으로 무리를 짓고 있다. 혁대 모양의 잎은 둥글고 종종 엷은 핑크빛 엽정을 가지며, 상위 잎 3개까지는 아주 작은 가시가 있을지도 모르지만 전체적으로는 가시가 없다. 이와 같이 일반적인 알로에와는 전혀 다른 잎의 특성 덕분에 종의 동정이 용이하고 원산지에서는 8~10월(제주 4~6월)에 주홍색 꽃을 피우는데 드문드문한 삼각원통형 라세메는 총상화서로 각각의 잎 클러스터에 오직 하나의 화서만을 갖는다.

참고 : 종자 또는 경삽(가지를 잘라서 충분히 건조된 토양에 식재하고, 차광 필요)을 통해 번식이 가능하며 기름지고 배수가 잘되는 산성 토양에서 자란다. 그러므로 높은 여름 습도와 많은 겨울철 강우량 하에서 재배하기 위해서는 토양을 pH 5.5~6.5 정도로 맞춰야 한다. 여름철 강우 지역에서 재배할 때에는 겨울과 봄철에 충분한 수분을 제공해야 하며, 때때로 뿌리 주변에 비료를 잘 덮어 줄 필요도 있다.

어원 : Plicatilis라는 이름은 '부채모양' 또는 모두 접을 수 있는 특성을 지닌 '주름모양'을 의미한다.

문헌 : 1), 3), 4), 7), 9)

학명 : *Aloe arborescens* Miller (Tree aloe, Krantz aloe, Candelabra aloe / Kransaalwyn)

분포 : **아프리카 남동부(남아프리카공화국, 말라위, 모잠비크, 짐바브웨)** 세계에서 가장 많은 지역에서 분포 · 재배되는 알로에로 지역에 따라 형태가 다양하며 원산지는 아프리카 남부 해안 산악 지대 및 동부 산악 지대이다. 강우량은 연간 500~1,525mm 정도로 여름철에 비가 많이 내리면 해발 2,000m에서도 자생한다.

특징 : 토양과 인접한 곳에서 가지 분화가 활발히 이루어지는 높이 2~3m까지 자라는 관목형 알로에이다. 절간이 넓어 듬성한 로제트 형태를 나타내는데, 길지만 폭이 좁은 잎은 전체가 식용으로 이용될 정도로 활용 가치가 높다. 원산지에서는 4월~6월(제주 11~12월)에 개화한다. 화서는 로제트의 옆 상위 절간에서 화아분화가 이루어져 화경이 위로 휘어지며 60~80cm까지 자라고 일반적으로 하나의 라세메로 구성되어 있다. 라세메는 총상화서의 형태로 삼각 원뿔형을 나타내며, 주홍색 꽃을 피우고, 꽃이 피는 시기가 개체와 상관없이 매우 일정한 편이다.

참고 : 측아발생 및 분지가 많고 경삽이 용이하기 때문에 번식하기 매우 쉽고, 내한성이 강해 땅이 얼지 않는 곳이라면 생존이 가능한 종이다. 일본에서 자생하는 'キダチ アロエ (*Kidachi Aloe*)'가 *Aloe arborescens* 종에 포함되며 상업적으로 많이 이용되고 있기에 다양한 육종품종들이 존재한다.

문헌 : 1), 3), 4), 5), 7), 9), 10)

Aloe castanea 카스타네아

학명 : *Aloe castanea* Schönland (Cat's tail aloe / Katstertaalwyn)

분포 : **남아프리카공화국 트란스발주** 동부 및 남부 트란스발주에 상당히 넓게 분포하고 있다. 가끔 개방적이고 평평한 곳에서도 발견되지만, 주로 바위투성이 또는 덤불이 우거진 경사면에서 자생한다. 여름철 온도는 일반적으로 높지만 겨울철에는 때때로 영점 이하로 떨어지기도 한다. 강우량은 연간 500~625mm이다.

특징 : 무리를 이루지 않아 단일개체로 자라고, 비대한 줄기는 가지를 치고 다시 나누어지는 경우도 많은데 지표면 부근이나 줄기 상층부에서 분지되며, 많은 로제트를 가진 큰 교목 형태를 띤다. 줄기의 윗부분은 오래된 건엽으로 덮여 있으며, 회색빛을 띤 녹색의 로제트는 밀집하여 구성되어 있다. 엽연에는 작으면서 갈색빛을 띄는 갈고리모양(forward-hooked)의 가시가 달려 있다. 원산지에서는 6~8월(제주 1~2월)에 개화하는데, 화서는 로제트의 가장자리 부분에서 발생하며 일반적으로 낫모양으로 긴 원통형으로 5개 이상이 동시에 자란다. 라세메는 빽빽하게 꽃이 피고, 꽃색은 붉은빛 갈색을 띤다. 만개한 종모양의 꽃은 노란색으로 진한 갈색의 화밀이 있으며 꽃에는 꽃자루가 없다.

참고 : 알로에 카스타네아는 햇빛이 잘 들고, 보호된 조건하에서는 매우 잘 자라며 완전히 성숙하지 않은 개체에서도 꽃이 피고 점차 관목형 알로에가 된다.

어원 : castanea는 밤나무색을 의미한다.

문헌 : 1), 3), 4), 7), 9)

학명 : *Aloe mawii Christian*

분포 : **말라위, 탄지니아 등 아프리카 남동부** 원산지에서는 위치에 따라서 줄기가 없는 경우도 있고, 높이가 3m에 이르는 표본도 발견된다. 잎의 색상뿐만 아니라 엽연의 가시, 총상화서의 길이, 꽃 색상 등도 지역에 따라 매우 다양하며, 고도가 낮은 곳에서는 줄기 없이 자생하는 경우도 있다.

특징 : 높이 1~2m의 관목형 알로에로 줄기의 분화가 많고 가늘고 긴 잎 윗면이 오목한 모양이다. 환경에 따라 형태적으로 많은 차이를 나타내는데, 원산지 내에서도 줄기가 거의 자라지 않는 표본부터 줄기 분화가 많은 표본에 이르기까지 다양하다. 또한 줄기에 따라 잎의 오목한 정도, 가시의 색상 등이 다르지만 일반적으로 엽정은 다홍빛을 띤다. 그리고 그 엽정으로부터 엽연를 따라 다홍빛으로 물드는 경향이 있다. 가시는 엽정 방향으로 끝부분이 살짝 휘어져 있고 날카로우며 끝부분만 다홍색을 띠지만 어린잎에서는 투명해진다. 원산지에서는 5~7월(제주 1~3월)에 꽃이 피는데 주변 환경에 따라 개화 시기가 매우 다양하다. 알로에 마위의 가장 큰 특징이라 할 수 있는 화서의 모양은 화경이 수평으로 비스듬하게 자라서 꽃이 한쪽 방향으로 모여 있어 다른 알로에와 비교해 보면 확연히 다르다. 화피는 주황색이며 수술대의 색상은 노란색 – 진보라색(비노출 – 노출 부위)이다.

참고 : 종자 번식도 가능하나 일반적으로 가지치기(삽목)로 번식하며, 줄기가 잘리면 그 부위에서 새로운 신초가 발생한다. 꽃이 한쪽 방향으로 향한 것이 두드러진 특징이며, 지역 및 환경에 따라 줄기 길이의 차(0~2m)가 커서 포복형으로 보일 수도 있다.

문헌 : 4), 5)

Aloe mutabilis 무타빌리스

학명 : *Aloe mutabilis Pillans*

분포 : **남아프리카공화국 트란스발주** 남부와 중부의 언덕 또는 산 위에서 제한적으로 발견되는데 양지바른 수직의 암벽 사이, 절벽 사이에서 자생한다. 평균 연간 여름철 강우는 500~625mm정도이다.

특징 : 짧은 줄기 또는 1m까지 자라는 복와성(伏臥性; decumbent) 줄기를 가지며, 분지가 발생한다. 암벽의 갈라진 틈에 걸쳐진 것처럼 자라는데 모퉁이가 펼쳐진 로제트가 매우 밀집해서 모여 있다. 갈고리모양으로 휘어진 잎은 밀집된 부드러운 나선형의 로제트를 형성하고, 잎은 연한 회색 또는 청록색을 띠며, 매우 얇고 폭이 좁다. 엽연은 갈색 또는 노란색 빛을 띠는데 단단하지만 각질이 아닌 가시는 연한 노란색으로 2mm 길이에 15~25mm의 간격으로 형성된다. 원산지에서는 6~7월(제주 1~2월)에 개화하는데, 화서는 대부분 단독으로 올라오고 때때로 2개로 화경분화가 일어나며, 바깥-상부 방향으로 휘어져 있다. 화경에는 갈색빛 얇은 포엽이 많이 분포한다. 라세메는 종종 30cm 정도의 길이까지 자라는 삼각 원뿔형으로 꽃눈은 주홍색이고 개화된 꽃은 노란색에서 녹색빛 노란색을 띠며 때때로 단일색으로 연한 주홍색 형태가 발견되기도 한다.

참고 : 분지에서 매우 잘 자라며 덥고 양지바른 위치에 자리 잡아야 한다. 암벽 사이에서 상당히 큰 그룹의 형태로서 바깥쪽 또는 아래 방향으로 걸쳐져 자란다. 많은 점에서 알로에 아보레센스와 비슷하고, 종종 긴 다양한 색의 총상화서를 가지는 넓은 형태로 자생한다.

문헌 : 1), 3), 4), 9)

부록 7 알로에 화서의 형태

알로에의 화서는 꽃대의 정아가 계속 신장하며 꽃이 밑에서부터 피어 올라가는 형태의 무한화서(determinate inflorescence)로 구분된다. 라세메는 원뿔 모양의 총상화서의 형태를 취하지만, 전체적인 형태에 있어 원추화서, 수상화서 등 차이가 발생하고, 다음과 같이 크게 6가지의 형태로 나눌 수 있다.

- **총상형** : 가장 일반적인 형태로 화경의 분화가 3~5개 정도로 라세메는 삼각형의 원뿔 형태를 나타내는데, 마치 촛대와 같은 느낌을 준다. 라세메 하나만 보면 대부분의 화서가 총상 형태를 보인다.
- **두상형** : 화경의 분화는 종에 따라 차이가 있으나 라세메의 형태가 둥근 머리 형태를 취하며 Creeping Aloe 또는 Spotted Aloe에서 많이 확인할 수 있다.
- **원추형** : 화경이 분화되는 거의 모든 형태를 말할 수 있다. 여기서는 라세메의 모양이 두상형이 아니고 일반 화서에 비해 꽃이 밀집되지 않으며, 라세메 수가 10개 이상인 것을 말한다.
- **수상형** : 긴 원기둥 모양으로 소화경이 매우 짧아 화경에 붙어 있는 형태를 취한다. 화서의 끝이 둥근 느낌을 주며 꽃이 매우 밀집하게 붙어 있다.
- **사선형** : 화경이 직립하여 신장하지 않고 사선 또는 수평을 향하며 신장한다. 소화병이 한쪽 방향으로 치우친(secund) 형태로 신장하여 꽃이 한 방향으로 핀 형태를 말한다.
- **타원형** : 원기둥 형태를 취하지만 라세메의 길이가 짧아 마치 타원형의 느낌을 주는데, 일반적으로 화경분화가 없거나 적고 대체로 Tree Aloe이나 Rambling Aloe에서 많이 확인된다.

왼쪽 위의 사진부터 시계 방향으로 총상형(*Aloe cryptopoda*), 두상형(*Aloe capitata*), 원추형(*Aloe bulbillifera*), 수상형(*Aloe castanea*), 사선형(*Aloe mawii*), 타원형(*Aloe schomeri*)

Single-Stemmed Aloes
(야자수형 알로에)

Aloe marlothii

Single-Stemmed Aloes

야자수처럼 일직선의 원줄기를 가지는 알로에로 하나의 큰 로제트를 구성하는 형태를 취한다. 이 그룹에 속한 알로에 종은 때때로 상단에서 분지가 발생하는 경우가 있지만, 대부분이 원줄기부터 새롭게 가지가 발생하는 경우는 없다. 하지만 로제트의 생장 부위가 병이나 해충 등의 피해로 생육이 억제되면 가지가 발생할 수 있는데, 이는 정아우세(apical dominance) 현상이 억제됨으로 측아가 발생하는 현상이라 할 수 있다. 또한 로제트 하단의 말라 죽은 잎들이 줄기에 붙어 있어 쉽게 떨어지지 않으며 하나의 로제트로 구성되는데 크기가 매우 큰 편에 속한다. 그리고 대체적으로 화서의 화경분화가 많고 라세메에는 꽃이 밀집하여 분포해 있으며 개화하면 화려한 색상의 라세메를 나타내기 때문에 매우 장관을 이룬다.

- *Aloe africana*
- *Aloe cameronii*
- *Aloe capitata*
- *Aloe excelsa*
- *Aloe ferox*
- *Aloe lineata*
- *Aloe littoralis*
- *Aloe marlothii*
- *Aloe rupestris*
- *Aloe sabaea*
- *Aloe speciosa*
- *Aloe thraskii*
- *Aloe volkensii*
- *Aloe vryheidensis*

Aloe excelsa

Aloe africana 아프리카나

학명 : *Aloe africana Miller* (Uitenhage aloe / Uitenhageaalwyn)

분포 : **남아프리카(케이프 동부 연안가)** 때때로 야외 개방된 곳에서 발견되기도 하지만, 주로 덤불과 같은 빽빽한 관목수림 오지 및 해변에 가까운 관목덤불 지역에 일반적으로 자생한다. 겨울과 여름에 발생하는 강우는 연 375~500mm 정도로 여름철 온도는 따뜻하고 더우며 겨울철에는 서리가 발생하지 않는다.

특징 : 때로는 분지가 발생하기도 하지만 일반적으로 줄기는 하나이며 건엽들이 줄기에 오래 남아 있다. 녹색 또는 연녹색 잎의 표면에는 가시가 없으나 때때로 엽정 중간 부분에 약간의 가시가 발견될지도 모른다. 엽연에는 날카롭고 불그스름한 갈색 가시가 존재하는데 엽저에 가까이 갈수록 작아지면서 간격이 좁아진다. 다른 야자수형 알로에와 비교했을 때 앞면으로 휘어진 호리호리한 잎이 사방으로 펼쳐진 특성 때문에 동정이 용이하다. 원산지에서는 6~9월에 개화하는데, 화서는 어릴 때에는 화경분화가 없으나 성숙된 개체에서는 일반적으로 3개의 화경을 가지고, 2~4개의 화서가 연속적으로 발생한다. 꽃봉우리는 불그스름한 주황색을 띠는데 개화하면 노란색에서 주황 - 노란색을 띤다. 화피는 항상 두드러지게 끝이 위로 구부러져 있는 독특한 특성이 있다. 교잡종은 항상 아프리카나 하나의 부모 하에서만 발생하는데 이 특성은 중요한 종 분류감정 요인이다.

참고 : 아프리카의 서리가 없는 지역에서는 매우 훌륭한 정원수로서 활용도가 높은 알로에로 생장 기간인 봄과 가을철에는 수분이 많이 필요하다.

문헌 : 1), 3), 4), 7), 9)

학명 : *Aloe cameronii var cameronii Hemsley*

분포 : **짐바브웨, 말라위, 모잠비크, 잠비아** 고도 1,200~2,000m의 화강암 언덕에 표층이 얕은 척박한 지역에서 자생하는데, 지역에 따라 형태적 특성이 매우 다양하다.

특징 : 일반적으로 하나의 직립형 줄기가 길게 자라지만 밑동에서 분지가 발생하는 관목형도 확인된다. 40~50cm의 긴 잎이 모여 로제트를 형성하는데 잎은 로제트의 중심으로 향하다가 엽정이 바깥으로 휘는 특성을 가진다. 건엽은 오래도록 줄기에 붙어 있으며, 보통 겨울이 되면 녹색이던 잎이 붉은빛으로 변한다. 엽연에는 엷은 갈색 가시가 돋아나 있다. 한국에서는 2~3월에 개화하는데, 화서는 2~3개의 화서가 연속적으로 발생하며 60~90cm까지 자라고, 라세메는 원통형이며 10~15cm로 꽃이 밀집해 있는 형태를 취한다. 꽃은 수평에 근접하게 붙어 있고, 개화하면 밑으로 고개를 숙이며 화피는 밝은 주홍색을 띤다.

참고 : 카메로니를 모체로 *Aloe arborescens, Aloe chabaudii, Aloe excelsa* 등과 교잡이 일어난 종간교잡종이 확인되었다.

문헌 : 4), 5), 10)

학명 : *Aloe capitata* Baker

분포 : **마다가스카르 중부** 화강암 또는 편마암 산에서 일반적으로 자생하며 돌틈 또는 돌 사이의 흙이 얕고 경사가 급한 지역에서 발견된다.

특징 : 일반적으로 단독 개체로 자생하며 잎은 20~30매 정도의 밀집된 로제트 형태를 취한다. 잎은 위를 향해 펼쳐지며 길이 약 50cm, 기부의 폭 6cm 정도로 두껍고 단단하며 엽정으로 갈수록 점차 협소해진다. 엽정은 약간 휘어져 있고, 둥그스름하며 짧은 가시가 있다. 잎의 윗면은 평평하거나 약간 들어가 있고, 붉은 색조를 가진 녹색이며 뒷면은 둥글고 반점이 없는 녹색이다. 엽연은 갈색 계통의 적색 각질의 가장자리에 삼각형 모양의 빨간 가시를 가지는데, 끝이 뾰족하고 평균 2mm 길이에 8~12mm의 불규칙적인 간격으로 돋아나 있다. 제주에서는 10~2월에 꽃이 피는데, 화서는 직립해 있으며 약 80cm 길이에 중간부에서 3~4개로 화경으로 분리된다. 라세메는 밀집된 두상으로 산방화서 형태를 보이는데 다른 종들과 비교되는 특징이다. 또한 넓고 밀집한 두상인 산방화서의 형태로 거의 구형에 가까운 총상화서의 형태를 취하고, 꽃은 밝은 오렌지 - 노란색으로 중심부로부터 아래쪽으로 향해 있다. 이러한 특징은 다른 알로에 종에서는 좀처럼 확인되지 않는다.

참고 : 볕이 잘 드는 위치에서는 줄기가 없지만 그늘진 곳에서는 줄기가 60cm까지 자란다. 여름철에 절제된 수분이 필요하지만 겨울철에는 거의 필요가 없다. 화서는 넓고 밀집한 두상 형태인 산방화서로 거의 구형에 가까운 노란 총상화서 형태인 것이 특징이다.

문헌 : 4), 5)

학명 : *Aloe excelsa* A. Berger (Nobel aloe / Zimbabwe-aalwyn)

분포 : **남아프리카공화국 트란스발주 북부, 모잠비크, 말라위, 잠비아, 짐바브웨** 오직 림포포(Limpopo) 강 인근의 서리가 없는 트란스발주 남쪽 지역에서 바위투성이 언덕 덤불 속에서 자생하거나 암석이 노출된 지역, 절벽, 강가 사이의 바위제방 등에서 자라난다. 고도는 300~1,500m로 다양하고 강우는 여름철에 집중해서 발생하는데 연평균 750m 정도이다.

특징 : '키가 크다'는 의미를 갖는 엑스켈사는 키가 크고 호리호리하며 하나의 줄기를 갖는다. 줄기에는 오래되고 건조한 잎들이 남아 있다. 큰 로제트는 진한 녹색으로 깊게 홈이 나 있고, 우아하게 펼쳐져 있으며 겨울철 붉은빛 색조를 나타낼 때면 잎들이 뒤로 휘어지기도 한다. 잎 윗면은 일반적으로 가시가 없지만 때때로 조금 드문드문 결절 모양의 가시가 있을지도 모른다. 엽연에는 날카로우며 각질의 붉은빛 갈색 가시가 돋아나 있다. 원산지에서는 7~9월에 꽃을 피우는데, 어두운 화경이 많이 분화된 원추화서 형태를 띠며, 바깥쪽 총상화서는 살짝 비스듬한 각도로 있고, 눈(芽)과 꽃은 아래 방향으로 향해 있으며 오렌지 - 빨간색에서 주홍색 또는 진한 진홍색 색조를 띤다.

참고 : 매우 덥고 서리가 없으며, 수풀림 등으로 바람을 막을 수 있는 곳에서는 매우 잘 재배된다. 외관이 매우 수려한 알로에 중 하나이지만 개화 시기가 매우 짧은 것이 관상용으로서는 단점이다.

문헌 : 1), 3), 4), 5), 7), 9), 10)

Aloe ferox 페록스

학명 : *Aloe ferox Miller* (Cape aloe, Tap aloe, Bitter aloe, Karoo aloe / Bitteraalwyn, Karoo-aalwyn)

분포 : **레소토, 남아프리카공화국** 아프리카 남부의 건조한 지역에 자생하는 알로에로 대부분 고도 700m 이하에서 발견되는데 산등성, 암석주위, 평지 등 넓은 범위에서 생육이 가능하다.

특징 : 분지 없이 높이 3~5m까지 자라며, 50~60매의 잎이 밀집해서 로제트를 구성한다. 잎은 회녹색으로 넓고 두꺼우며 건기에는 잎에 붉은빛이 돌기도 한다. 엽연에는 갈색 가시가 분포하는데 잎 표면이 반들반들하고 가끔 불규칙적인 가시가 돋아나 있을 수도 있으며, 건엽은 줄기에 오랫동안 남아 있다. 원산지에서는 5~9월(제주 1~2월)에 개화하는데, 화서는 화경분화가 이루어져 5~8개의 원기둥형 라세메를 가진다. 매우 많은 꽃이 밀집되어 있는 라세메는 끝이 살짝 뾰족한 형태를 띠기도 하며 주홍색 또는 주황색 꽃을 피운다.

참고 : 종자번식을 하며 종간교잡 또한 확인되었다. 재배가 매우 용이하여 아프리카 지역에서는 의약품 등 다방면에서 널리 이용되고 있으며 정원수로도 식재되고 있다.

문헌 : 1), 3), 4), 7), 9)

학명 : *Aloe lineata* (Aiton) Haworth (Lined aloe / Streepaalwyn)

분포 : **남아프리카공화국(케이프 서부 및 동부)** 때로는 야외 노출된 곳에서 발견되기도 하지만, 주로 밀집된 덤불(관목) 속에서 많이 자생한다. 많은 개체수가 밀집된 덤불 속에서 관찰되었는데, 케이프 동부의 남쪽 지역에 있어서는 확연한 특징 중 하나이다. 겨울과 여름의 강우량은 연평균 500~650mm 정도로, 여름 온도는 따뜻하거나 더우며, 겨울철 추운 특정 지역에서도 자생하고 있다.

특징 : 크게는 2m에 이르기까지 하나의 원줄기로 자라는 알로에로, 밀집된 형태의 로제트를 구성하며 잎의 양 표면에 줄무늬가 있고 잎 전체가 붉은빛이 도는 것이 특징이다. 원산지에서는 1~3월(제주 1~3월)에 주황색 꽃을 피우는데, 하나의 로제트에서 화경분화가 없는 75~100cm의 화서가 연속적으로 발생하고, 꽃눈이 형성되는 시기에는 넓고 큰 포엽에 가려져 있다.

참고 : 매우 춥거나 서리가 강한 다우 지역을 제외하고는 재배하는 데 어려움이 없다. 그러나 영하로 떨어지는 지역에서는 반드시 온실 내에서 재배해야 하지만, 줄기 기부에는 어린 개체들이 많이 발생하기 때문에 번식은 쉬운 편이다.

어원 : 리네아타의 이름은 '선명한 평행의 줄무늬'에서 유래되었다.

문헌 : 1), 3), 4), 7), 9)

Aloe littoralis 리토랄리스

학명 : *Aloe littoralis Baker* (= *Aloe rubrolutea* Achinz)

분포 : **남아프리카공화국 트란스발주** 트란스발주 극남부 또는 남서부 지역의 평평하거나 완만한 경사의 석회암 지대에서 자생하는데, 관목림 또는 풀이 우거진 지역에서도 발견된다. 강우량은 여름철에 집중되며 연평균 375~500mm 정도이다. 원산지의 여름철은 매우 덥고 서리는 거의 발생하지 않지만 강우량에 따라 개화 시기 등이 상당한 변화를 보이며 넓은 지역에 분포한다.

특징 : 분지가 없는 하나의 줄기로 3m까지 자라며 회녹색 잎이 밀집하게 모여 로제트를 구성한다. 엽연에는 튼튼하고 날카로우며 각질의 밝은 갈색 가시가 있는데 하얀색 기부에서 돋아나 있다. 어린 개체는 성숙된 개체와는 다르게 줄기가 없고 청록색에서 회녹색을 띠며 잎에 많은 반점이 분포해 있다. 개화 시기는 1~8월로 지역에 따라 다양하지만 원산지인 남아프리카 지역에서는 주로 2~3월에 개화한다. 화서는 많은 가지를 갖는 원추꽃차례 형태를 보이며 때때로 2개의 화서가 일제히 나타난다. 라세메는 날씬하고 어린 눈(芽)은 신선한 포엽에 의해 감추어져 있다. 꽃색은 엷은 핑크색에서 짙은 장미색(밝은 적색)에 이르기까지 다양한 편이고 만개하면 입구 부분이 노란빛을 띤다.

참고 : 서리에 강하고 재배가 상당히 용이한 종으로 어린 개체에서도 꽃이 피며 잎에 반점이 있지만 성숙한 개체에는 반점이 없다. 일자형 큰 줄기가 3.5m까지 자란다. 또한 외관이 멋진 알로에 중 하나로 재배가 용이하며 석회가 토양에 시비되어야 하고, 토양의 양호한 투수성은 필수적인 사항이다.

문헌 : 1), 2), 3), 4), 5), 7), 9), 10)

학명 : *Aloe marlothii* Berger (= *Aloe spectabilis* Reynolds / Mountain aloe / Bergaalwyn, Kgopha)

분포 : **보츠와나 동부, 모잠비크, 남아프리카공화국** 트란스발주와 스와질랜드의 낮은 지역 등 더운 지역에 넓게 분포되어 있는데 자갈 언덕과 산허리 주변 덤불 사이의 개방된 평평한 지역에서 잘 자란다. 원산지의 강우량은 여름철에 집중되며 연평균 375~1,025mm 정도이다.

특징 : 잎의 앞뒤로 가시가 많이 나 있고 화경이 나선형으로 휘어져 꽃들이 하늘을 향해 있는 것이 특징이다. 분지가 없는 하나의 줄기에는 오래된 건엽들이 끈질기게 붙어 있고, 평균 크기의 표본들은 2~3m 정도지만 매우 크고 오래된 개체인 경우 6m 이상까지 자란다. 어린 개체는 5~6년 자라야 1m 정도 자라고 꽃이 핀다. 잎의 색은 회녹색에서 녹색으로 부분에 따라 다양한데, 건기에 종종 엷은 붉은색을 띤다. 잎의 양면 모두 일반적으로 날카롭고 단단한 가시들로 둘러싸여 있지만 지역에 따라 다르고, 완전히 가시가 없는 잎을 구성한 개체는 매우 드물다. 원산지에서는 4~6월(제주 1~3월)에 개화하는데, 화서는 일반적으로 20~30개의 라세메를 가지며 화경이 많이 분화되어 있다. 대형 표본의 경우 50개의 라세메까지 기록되어져 있다. 특징으로는 라세메가 항상 수평으로 기울어지는 경향이 있고, 수직으로 자라는 경우는 드물며, 노란 꽃은 한쪽 방향으로 향해 있다.

참고 : 예전에는 잎 속의 겔이 의약품 등 상품으로 이용되었다. 하지만 현재는 강한 서리에서도 생존하는 특징을 살려 여러 지역에서 정원수로 활용되고 있다.

문헌 : 1), 3), 4), 7), 9)

Aloe rupestris 루페스트리스

학명 : *Aloe rupestris* Baker (聖者錦 / inKalane, umHlabanhlazi, uPhondonde)

분포 : **남아프리카공화국, 스와질란드, 모잠비크** 날씨가 덥고 매우 빽빽한 덤불 속이나 주변 산림이 적은 강변, 혹은 낮게 자리한 지역에서 자생한다. 주로 여름철에 강우량이 집중적인데 연평균 625~750mm 정도이며, 온도는 높고 때때로 38℃를 넘는 경우도 있다.

특징 : 줄기가 긴 나무형 알로에로 2m 이상인 원줄기로 생장하며, 줄기 상부에는 오래된 건엽들이 남아 있다. 진녹색 로제트는 큰 편으로 직경은 1m 정도밖에 안되나, 로제트 높이가 1~1.5m 정도로 길다. 잎은 두꺼워서 반달모양의 단면을 형성하고, 엽정은 휘어져 있으며 갈색으로 갈변된 것도 많다. 또한 잎의 넓이에 변화가 많아 크기가 다양한 편이다. 원산지에서는 8~9월에 개화하는데, 화서는 10~20개의 라세메로 나누어질 정도로 화경분화가 많고, 화경은 진녹색빛의 갈색 또는 녹색빛 검정색을 나타낸다. 라세메는 조밀하게 많은 꽃을 피우고, 바깥쪽이나 아래쪽으로 꽃들이 펼쳐진다. 화피는 노란빛 녹색 또는 오렌지 – 녹색을 띠며, 빛나는 주홍색 수술이 돌출되어 있어 꽃이 두 가지 색상을 보여주는 역할을 한다.

참고 : 줄기 기부에서 발생하는 신초를 통하여 번식이 가능하다. 추운 지방에서도 매우 잘 자라는 키가 크고 아름다운 알로에지만, 차가운 남쪽 바람을 막고, 태양으로부터 보호받기 위하여 차광이 잘되는 관목림 등 보호가 가능한 공간에서 재배되어야 한다. 또한 중성 토양을 기호로 하고 산성 지역에서는 석회 또는 나뭇재 등을 토양에 공급해 주어야 한다.

문헌 : 1), 3), 4), 7), 9)

학명 : *Aloe sabaea* Schweinfurth (= *Aloe gillilandii* Reynolds)

분포 : **사우디아라비아, 예맨** 바위투성이 급경사에서 많이 눈에 띄며 1,200~2,000m 고도에서 주로 단일 개체로 자생한다. 강우량은 250~350mm 정도이며 다양한 편이다.

특징 : 단독으로 자생하며 분지가 없는 하나의 줄기가 10cm의 직경에 2m까지 자란다. 잎은 약 16매 정도 밀집된 로제트를 형성하며 잎 기부는 폭 15cm, 길이 65cm로 엽정으로 갈수록 점차 날카로워진다. 어린잎은 펼쳐지나 오래된 잎은 아래쪽으로 휘어지는 특성을 가지는데 잎의 윗면은 회녹색의 단일색을 가지고 기부가 평평하지만 잎의 뒷면은 둥그스름하다. 엽연은 연골성으로 연속적으로 엷은 핑크빛을 나타내고 있으며, 좀 더 엷은 핑크빛 연골성 가시가 돋아나 있다. 이 가시는 1~1.5mm 길이에 불규칙적으로 5~10mm 간격으로 위치한다. 원산지에서는 9월(제주 1~2월)에 개화하는데, 화서는 단일 원추화서로 이루어져 있고, 90cm까지 올라간다. 화경은 대체적으로 볼록한 형태로 폭이 18mm 정도이며 화경 중간 부위부터 약 8개의 가지로 분화된다. 포엽은 달걀모양으로 끝이 날카롭고 길이 12mm 정도의 소화병을 감싸 안고 있다. 화피는 진홍색으로 입구 부위는 색이 엷어지는데, 폭이 넓은 원통형 삼각모양을 띠며 길이 30mm에 씨방 부위는 직경 10mm 정도이다.

문헌 : 1), 3), 4), 7), 9)

Aloe speciosa 스페키오사

학명 : *Aloe speciosa* Baker (Tilt-Head Aloe / Slaphoringaalwyn, Spanareaalwyn, Spansaalwyn, Wildeaalwyn)

분포 : **남아프리카공화국 케이프 남부** 건조한 지역에서 자생하는데, 강우는 연중 발생하고, 연평균 375~625mm로 다양하다. 여름철 온도는 높은 편이고 겨울철에는 드물게 영점 이하로 떨어지기도 한다. 일반적으로 덤불 속에서 발견되고, 암벽 경사지에서도 확인되는데, 두껍고 키가 큰 관목 수풀에서 자생하는 경우 6m까지 높게 자라며 심플한 줄기 또는 높은 곳에서 분지된다. 반면 노출되거나 개방된 공간에서는 키가 작은데 평균 2m 정도이다.

특징 : 대체적으로 분지 없는 하나의 줄기를 가지나 줄기 밑동에서 분지가 발생하는 경우도 있다. 줄기에는 밑동까지 오래된 건엽이 매달려 있는데 지표면으로 갈수록 없어진다. 크고 우아한 로제트는 항상 모서리에서 기울어져 있고, 푸른빛이 도는 녹색잎은 분홍빛 또는 붉은빛을 띠는데 엽연 부위에서 특히 두드러진다. 원산지에서는 8~9월에 개화하는데, 화서는 항상 하나의 로제트에서 화경분화가 없는 1개 이상의 화서를 가진다. 빽빽한 많은 꽃을 가진 라세메는 30cm의 길이에 둘레가 12cm 이상으로 큰 편에 속한다. 눈(芽)은 빨갛고 개화한 꽃은 녹색빛 하얀색, 그리고 갈색빛 주황색 수술이 돌출해 있어 라세메는 3가지 색의 효과를 나타낸다. 어원은 약간 나선으로 휘어진 청록색 로제트가 매우 '아름답다'라는 것을 의미한다.

참고 : 더운 지역에서 매우 잘 재배되며 서리에 상해를 입는 경향이 높다. 덥고 보호가 되며 햇볕이 잘 드는 위치에 놓여야 하며 줄기는 다른 식생에 의하여 보호되어야 한다.

문헌 : 1), 3), 4), 7), 9)

학명 : *Aloe thraskii* Baker (Strand aloe / Kusaalwyn, Strandaalwyn)

분포 : **남아프리카공화국(나탈)** 바다로부터 수백 미터 이상 떨어지면 결코 발견되지 않는 등 매우 협소한 지역으로 제한되어 자생한다. 바다와 접한 경사지의 해안 수목 사이 높은 부식토를 가진 모래언덕에서 자란다. 이곳은 종종 소금기가 있는 바닷바람과 안개가 종종 발생하며, 여름철 강우량이 연간 1,025~ 1,150mm 정도로 덥고 습하며 겨울철은 서리가 없는 온화한 날씨이다.

특징 : 줄기 분화가 없고, 일반적으로 2~3m로 자라는데 키가 큰 빽빽한 수풀 속에서는 4m까지 신장할 수 있으며 수염을 많이 기른 것처럼 건엽들이 길게 붙어 있다. 로제트는 깊게 홈이 있고, 우아하게 휘어져 있으며, 밝은 녹색부터 회녹색 잎으로 구성되어 있다. 하단 안쪽으로 휘어진 잎은 가끔 엽정이 줄기에 닿아 있는 경우도 있다. 잎 뒷면은 중앙라인 반 정도에서 엽정으로 가시가 다소 존재하며 엽연의 작은 가시는 빨간색이다. 원산지에서는 6월~7월 초에 개화하는데, 화서는 가지가 분화된 원추화서 형태로 하나의 로제트에서 동시에 4개의 화서를 나타내기도 한다. 생육이 매우 좋은 표본에서는 28~30개의 라세메를 가지나, 일반적으로 12~18개 정도로 많은 편에 속한다. 밀집되게 꽃이 피는 라세메는 노란색 또는 연녹색 눈(bud)을 가지고, 개화된 꽃은 진한 노란색을 띠며, 화피로부터 상당히 돌출된 수술은 밝은 주황색을 띠기 때문에 라세메가 주황색과 노란색의 2가지 색을 동시에 나타내는 효과를 낸다. 꽃은 어두운 갈색 화밀을 포함한다.

참고 : 대체적으로 멋진 형태를 띠며, 해안가 공기로부터 멀리 떨어진 자연 자생지에서는 잘 자라지 않는다.

문헌 : 1), 3), 4), 7), 9)

Aloe volkensii 볼켄시

학명 : *Aloe volkensii ssp. volkensii* Engler (= *Aloe stuhlmannii* Baker)

분포 : **케냐, 탄자니아** 바위투성이 산등성의 건조한 초원에서 자생한다.

특징 : 줄기 밑동에서 분지가 발생할 수 있지만 대체적으로 하나의 곧은 원줄기를 가진 알로에이다. 평균 6~7m까지 자라며 키가 큰 관목림 지대에 자생할 경우 9m까지 자라난 표본도 확인할 수 있다. 줄기의 길이에 비해 직경이 작은 편으로 건엽들이 주기 밑동까지 붙어 있는 경우가 보통이다. 피침형인 가는 잎은 밀집하게 로제트를 구성하고 연한 청록색의 매끄러운 표면을 자랑한다. 어린 개체에서는 가끔 잎에 반점을 발견할 수 있지만 성숙한 개체에서는 찾아볼 수 없다. 제주에서는 1~3월에 개화한다. 화서는 화경분화가 10개 이상 이루어져 85cm까지 자라며 주홍색 꽃을 피우는데 개화하기 전에는 밀집해 있어 보이지만 개화하면서 간격이 많이 벌어지며 꽃의 입구가 노란색으로 변한다.

참고 : 대체로 종자를 통해 번식하는데 밑동에서 발생한 분지를 활용한 경삽 또한 가능하다.

문헌 : 4), 5)

학명 : *Aloe vryheidensis* Groenewald (= *Aloe dolomitica* Groenew)

분포 : **남아프리카공화국 나탈 북부, 트란스발주 동부** 산꼭대기의 높고 평평하며 돌이 많은 지역에서 자생하는데, 원산지 강우량은 여름에 집중되며 연평균 750~900mm 정도이고, 여름철 온도는 온화하거나 더우며 겨울철 서리가 때때로 발생한다.

특징 : 줄기가 없거나 매우 짧은 줄기를 가진 경우도 있고, 밑동에서 3~4개의 분지가 발생하기도 하지만 대체적으로 2m 정도의 원줄기를 가지며 큰 군락을 이루며 자생한다. 일반적으로 하나의 로제트를 가지나 때때로 하나의 기부에서 4개까지의 로제트를 형성하기도 한다. 큰 로제트는 푸르스름한 색조가 눈에 띄는 연한 청록색 잎을 가지나, 건조한 겨울철에는 종종 두드러지게 빨간색으로 변한다. 엽연은 날카롭고 단단하며 붉은빛 갈색 가시를 가지고 있다. 원산지에서는 7월에 개화를 시작하는데, 하나의 로제트로부터 5개에 이르는 화서가 일시에 성장한다. 진한 갈색의 화경은 사선으로 기울어져 있으며 밀집하여 많은 꽃을 가진 총상화서는 수직으로 펼쳐져 있다. 꽃자루가 없는 종모양의 꽃은 밝은 노란빛 수술을 가지며 진한 갈색 화밀을 가지고 있다. 이 알로에의 특징은 화경이 사선으로 기울어져 있고, 날카로운 각도의 꽃자루가 라세메 바로 밑에 붙어 있는 것이다.

참고 : 알칼리성 토양에서 잘 자라는 알로에로 정원수로 많이 활용되고 있다.

문헌 : 1), 3), 4), 9)

Rambling & Creeping Aloes
(포복형 알로에)

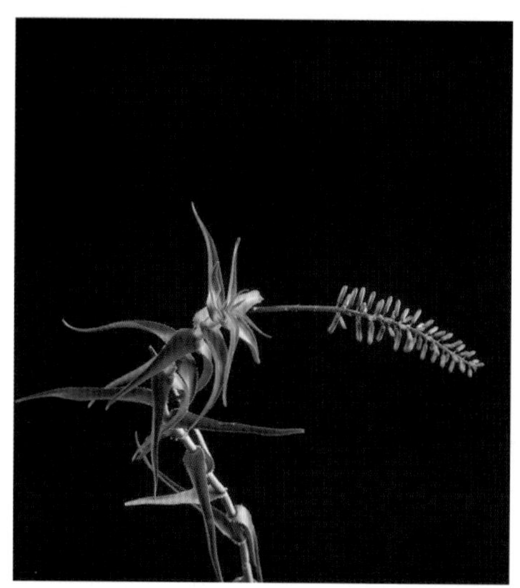
Aloe ciliaris

Rambling Aloes

덩굴형 알로에로 얇고 가늘지만 단단한 줄기를 가지고 특정한 방향성 없이 뻗어 나가는 복와성(decumbent) 형태의 알로에이다. 이 그룹에 속한 알로에의 대부분은 약간 다육질의 잎을 가지고 있으며, 절간의 간격이 넓고, 줄기에서 잎을 감싸고 있는 부위에는 줄무늬가 있으며, 짧은 총상화서에는 비교적 꽃이 적은 편이다.

- *Aloe ciliaris*
- *Aloe striatula*

Creeping Aloes

땅 위를 기는 듯한 포복성(procumbent) 특성을 가진 알로에로 로제트가 한 방향으로 기울어져 있는 형태의 알로에이다. 이 그룹에 속하는 알로에의 대부분이 윤기 없는 녹색의 잎색을 가지고 있으며 엽연에는 부드러운 하얀 가시가 돋아나 있다. 또한 많은 꽃들이 모여 둥근 모양의 총상화서를 이루며 원산지 기준으로 여름철에 꽃이 피는 경우가 많다.

- *Aloe mitriformis*
- *Aloe squarrosa*

Aloe mitriformis

Aloe striatula

학명 : *Aloe ciliaris* Haworth (Climbing aloe / 百合錦 / Rankaalwyn)

분포 : **남아프리카공화국 케이프 동부** 모래땅, 경사진 덤불숲, 산림으로 우거진 남아프리카 협곡에서 자생한다. 주로 여름철에 비가 오는데 연간 강우량은 500~650mm 정도이다. 온화하고 따뜻한 곳이며 서리가 발생하지 않는 곳이다.

특징 : 긴 줄기를 가지고 잎이 적고, 오직 정단 부분에서만 잎과 꽃을 가지며, 절간에서 줄기가 분화된다. 잎은 줄기를 에워싼 하나의 기부엽초를 가진다. 기부엽초는 부드럽고 하얀 연골성 가시 또는 솜털을 지닌다. 엽연에도 비슷한 가시를 갖는데, 점점 작아지다가 없어진다. 원산지에서는 연중 개화하는 종으로 제주에서는 12~2월 사이에 꽃이 핀다. 화서는 대체로 화경의 분화가 없으며 라세메는 주홍색 또는 선명한 빨간색 꽃이 모여 총상화서 형태를 나타낸다. 'ciliaris'란 의미는 미세한 솜털로 에워싸였다는 의미로 이 알로에는 일반적으로 잎 기부의 솜털에 의해 구별된다. 건조한 내륙에서 자생하며 바닷가 근처 수풀 속에서 자라는 개체보다 대체적으로 작은 편이다. 자연교잡은 발견되지 않았고, 아프리카의 일반적인 알로에가 염색체 수가 14개인데 반하여 이 알로에는 42개의 염색체를 가진 6배체 알로에이다.

참고 : 삽목으로 쉽게 번식이 가능하며 줄기는 3~4m로 때때로 6m까지 자란다. 줄기의 생장이 복와성(decumbent) 형태를 띠기 때문에 지탱할 수 있는 지지대가 있으면 재배하기 좋다.

문헌 : 1), 3), 4), 7), 9)

학명 : *Aloe striatula* Haworth

분포 : **레소토, 남아프리카공화국 케이프 동부** 고도 1,225~1,525m의 건조한 지역 산 정상에서 자생하는데 이 지역의 강우량은 연평균 250~500mm 정도이다. 하지만 때로는 춥고 가끔 안개가 끼는 산 정상에서도 자란다. 여름철 온도는 덥거나 뜨겁고 겨울철은 매우 추울지도 모른다.

특징 : 가지가 땅 바로 위로 낮게 자라며 매우 흐트러지고 난잡한 형태로 오직 줄기 끝에서 잎이 나온다. 약간 광택이 나는 잎은 검은빛 녹색이고 휘어져서 펼쳐지며, 기부는 엽집으로 둘러싸여 있다. 엽집은 선명한 녹색 줄무늬가 있고(striatulate), 이 알로에 이름의 어원이기도 하다. 엽연은 매우 협소하며 연골성 가장자리로 작고 단단한 가시가 있다. 원산지에서는 11~1월(제주 10~11월)에 개화하는데, 화서는 하나의 화경으로 라세메에 꽃이 밀집하게 핀다. 눈(bud)은 진한 빨간색이며 개화된 꽃은 주황색 또는 주황빛 노란색으로 변한다. 휘어진 화피의 외화피편은 기부에서 거의 분리되어 있다.

참고 : 길고 피침형인 잎이 간격을 두고 펼쳐지며 가는 줄기가 1.75m까지 자라는데 생장이 빠르고 경삽에 의해 번식이 용이하다. 또한 내한성이 강한 편으로 재배가 쉽다.

문헌 : 1), 3), 4), 7), 9)

Aloe mitriformis 미트리포르미스

학명 : *Aloe mitriformis* Miller (= *Aloe perfoliata* Linner / Gold Tooth Aloe, Mitre Aloe / Kransaalwyn)

분포 : **남아프리카공화국 케이프 서부** 바위가 많은 산등성이와 산의 경사지에서 자생한다. 강우는 겨울철에 발생하는데 연평균 375~750mm 정도이며 여름철 온도는 높고 겨울철에는 서리가 없다.

특징 : 분지를 가지는 포복형 줄기로 성장하는데, 줄기가 재분화되어 밀집된 그룹을 형성한다. 중심 줄기에서는 로제트가 위로 향하는데 두껍고 신선한 잎이 달려 있으며 그늘진 곳에서 자랄수록 녹색에서 연한 청록색 잎으로 변한다. 건조한 시기에는 로제트 정단 부분이 위로 모두 향하는 모습을 나타내며 이음(mitre)모양을 하고 있다고 해서 종명이 mitriformis이다. 하부의 잎의 표면은 약간의 용골돌기가 나 있고 독자적인 연골성 노란색 가시가 돋아나 있다. 엽연의 가시는 하부는 하얀색으로 정단으로 갈수록 노란색이 되는데 날카롭다. 제주에서는 1~2월에 개화하는데 로제트의 크기에 비해 화서가 40~60cm로 높게 신장하며 2~4개의 라세메로 구성된다. 꽃은 옅은 주홍색으로 형태적으로 유사한 종으로서 *Aloe comptonii, Aloe distans*가 있다.

참고 : 자연환경 속에서는 잘 자라지 않는다. 겨울철에 춥고 여름철에 강우량이 많은 지역에서는 하우스처럼 보호되는 장소에서 재배되어야 한다. 잎의 색상이 화려하기 때문에 관상용으로서도 많이 애용된다.

문헌 : 1), 3), 4), 5), 7), 9)

학명 : *Aloe squarrosa* Baker

분포 : **소코트라섬** 고도 300m 부근의 석회석 절벽가에 자생한다.

특징 : 줄기 밑동에서 분지가 발생하는데 줄기가 축 늘어지는 포복 형태로 40cm 이상 자라기도 한다. 절간이 짧고 5~7cm의 작은 잎이 모여 로제트를 형성하며 밝은 녹색 잎에는 하얀색 반점이 많이 분포한다. 또한 잎의 표면은 거칠고 엽연에는 하얀색 가시가 있으며 잎 뒷면에도 연골성 가시가 불규칙적으로 분포한다. 국내에서는 12~1월에 개화하는데 화서는 10~20cm로 절간에서 아치형으로 위를 향해 신장한다. 화경분화가 없이 주홍색 꽃을 피운다.

참고 : 강한 빛을 받으면 갈색으로 변하기 때문에 약간의 차광이 필요하다. 하지만 차광이 심하면 잎이 길어지고 절간도 넓어지기 때문에 본래의 별모양 형태를 유지하기 힘들 수 있다. 또한 알칼리성 토질을 좋아하기 때문에 비료를 시비하는 경우 석회질을 같이 넣어 주어야 한다.

문헌 : 4), 5), 7)

Stemless Aloes
(무경형 알로에)

Aloe bulbillifera

ııııı Stemless Aloes

줄기가 없거나 매우 짧은 형태로 지표면에 붙어 있는 듯한 생육 형태를 띠는 알로에를 말한다. 이 그룹에 속한 알로에 대부분이 하나의 독립적인 개체로 자생하지만 드물게 소그룹으로 모여 자생하기도 한다. 기타 종과 비교해 볼 때, 대체로 화서와 꽃이 큰 편에 속하며 잎이 밀집하게 모여 있어 콤팩트한 로제트 형태를 구성한다.

- *Aloe aculeata*
- *Aloe bulbillifera*
- *Aloe chabaudii*
- *Aloe cryptopoda*
- *Aloe gerstneri*
- *Aloe globuligemma*
- *Aloe guerrae*
- *Aloe keithii*
- *Aloe lavranosii*
- *Aloe macleayi*
- *Aloe ortholopha*
- *Aloe reitzii*
- *Aloe schomeri*
- *Aloe striata*
- *Aloe tomentosa*
- *Aloe vera*

Aloe cryptopoda

Aloe tomentosa

Aloe aculeata 아쿨레아타

학명 : *Aloe aculeata* Pole Evans (Ngopane, Sekope)

분포 : **남아프리카 남부 및 동부, 잠비아, 짐바브웨** 남아프리카 넓은 지역에 자생하는 알로에 종으로 주로 더운 지역이나 서리가 없는 동부 및 남부 지역에 분포한다. 바위나 자갈이 많은 평평한 지역 또는 산 능선부의 자갈토양에서 흔히 볼 수 있다. 원산지의 여름 강우량은 산지에 따라 250~625mm로 다양하며 온도 분포는 북부 지방에서는 특히 38℃까지 이르는 곳도 있다.

특징 : 남아프리카 초원에 군집을 이루지 않고 드문드문 넓게 퍼져 있다. 일반적으로 줄기가 없거나 땅에 붙어 있는 짧은 줄기를 가지고 있다. 잎은 밀집하여 로제트를 구성하며 약 30cm 정도로 연한 녹색 또는 녹회색 잎을 가지고, 엽연은 물론 잎 표면 앞뒤 전체에 가시가 많이 돋아나 있다. 지역에 따라 가시의 기부색이 달라질 수 있는데 연한 흰색인 경우도 있고, 잎색과 같은 경우도 있다. 원산지에서는 5~7월(제주 1~3월)에 개화한다. 화서는 어린 식물일 때는 단일화경에서 꽃이 피나 성숙한 개체는 진한 갈색 화경이 2~4개로 분화된다. 라세메는 원기둥형으로 40~60cm로 매우 긴 편이고, 많은 꽃이 밀집해 있는 총상화서 형태를 취한다. 꽃색은 매우 다양한데 다채로운 노란색에서 주황색에 이르고 몇몇 개체는 노란 꽃에 붉은 색조를 띤 꽃봉우리를 가진다. 'aculeata'의 어원은 '가시투성이 또는 많은 가시의 잎'을 의미한다.

참고 : 남아프리카공화국에서는 예전에 10센트 동전에 새겨졌을 정도로 상당히 유명한 종이다. 정원수로 활용되고 있다.

문헌 : 1), 3), 4), 5), 7), 9), 10)

학명 : *Aloe bulbillifera* H. Perrier

분포 : **마다가스카르** 고도 300~800m 부근의 산간 지대 수풀에서 자생한다.

특징 : 일반적으로 단독으로 자생하며 대체적으로 줄기가 보이지 않는다. 하지만 그늘진 곳에서 자생하는 개체는 때때로 줄기가 성장하기도 하며 기부로부터 신묘가 발생하기도 한다. 잎은 24~30장 정도로 밀집해 있고, 약간 직립하여 펼쳐지며 길이 40~60cm, 기부 폭 8~10cm 정도이다. 잎은 기부로부터 점점 가늘어지고 엽정에 와서는 날카로우며 녹색의 잎에 엽연에 진주황색 가시가 돋아나 있다. 제주에서는 11~2월에 꽃이 피는데, 화서는 2~2.5m로 매우 길다. 화경분화 또한 매우 많으며, 때때로 2~3개의 화서가 일시에 발생하기도 한다. 라세메는 원추화서 형태를 띠는데 주홍색 꽃이 듬성하게 피며, 화경에 주아(珠芽; bulbil)가 발생하는 것이 특징인데 알로에 속으로는 매우 드문 현상이고 이 종의 어원이라 할 수 있다.

참고 : 주로 종자번식을 하지만 화경에서 발생하는 주아에 의해서도 번식이 된다. 서리에 강한 편이고 볕이 잘 드는 곳에서 자생한다.

문헌 : 4), 5), 7)

Aloe chabaudii 카바우디

학명 : *Aloe chabaudii* Schonl

분포 : **남아프리카공화국, 줄룰란드 등 남아프리카 일대** 개방된 공간 또는 덤불 숲속에서 그룹을 지어 자생한다. 붉은 양토, 모래, 진흙 또는 화강암 지대에서도 발견된다. 낮게 드러누워 덥고 서리가 없는 지역에서 자생한다. 강우량의 대부분은 여름철에 발생하고 연평균 500~624mm 정도이며 여름철 온도는 종종 38℃에 이른다.

특징 : 일반적으로 줄기가 없거나 때로 짧은 포복성 줄기를 갖는다. 줄기 사이에서 분열 또는 많은 신초가 나와서 개체를 번식시키며 크게 밀집된 그룹을 형성한다. 잎은 연한 회녹색 또는 푸르스름한 녹색을 띠고, 보통 반점이 없으나, 때때로 줄무늬가 있기도 하며, 또는 불규칙하게 산만한 H 모양의 반점이 때때로 보이기도 한다. 잎은 연한 청록빛 녹색을 띠며, 로제트는 좀 더 펼쳐지지만, 햇볕이 잘 들고 덥고 건조한 지역에서는 위와 안으로 휘고, 눈에 띌 정도로 붉은빛이 살짝 돌기도 한다. 엽연은 협소하고, 회색빛이 돌며 작고 단단한 가시를 가진 연골성 가장자리를 갖는다. 가시는 기부로 갈수록 더 연해지고 많아지며 위로 향할수록 검게 나타난다. 원산지에서는 6~7월(제주 1~3월)에 개화하는데, 호리호리한 화서는 6~8개의 화경을 가지며 적어도 2~3개의 화경을 보인다. 라세메는 15~20개 정도로 많으며, 펼쳐진 원추꽃차례 형태를 띠고, 꽃은 짙은 주홍색 또는 벽돌빛 빨간색을 띤다. 화피는 기부의 부풀어 오른 곳에서 톱니모양 또는 보조개 모양을 나타낸다.

참고 : 알로에 카바우디는 대부분 장식용 소형종으로 이용되고 그룹 형태로 자란다. 특히 서리로 상해를 입는 경향이 많기 때문에 덥고 햇볕이 잘 들며 잘 건조된 모래땅에서 보호되어야 한다.

문헌 : 1), 3), 4), 5), 7), 9), 10)

학명 : *Aloe cryptopoda* Bak (= *Aloe wickensii* Pole Evans / 黑太刀 / Geelaalwyn, Ngafane)

분포 : **보츠와나, 말라위, 모잠비크 등 남아프리카** 바위투성이 지대, 평평하고 개방된 지대, 또는 밀집한 덤불 지대 등 온난성 덤불 속에서 자생한다. 매우 광범위하게 분포하기 때문에 형태적으로 뿐만 아니라 개화 시기라든지 꽃의 색상에 있어서도 매우 다양하며 2.5m의 높이까지 화서가 자라는 경우도 있다.

특징 : 일반적으로 단독 개체 또는 때때로 구분된 소규모 그룹으로 자생한다. 진녹색 잎은 비스듬히 위쪽으로 자라는 밀집된 로제트를 형성하고, 엽연에는 작고, 많으며, 진갈색부터 검은색의 가시를 가진다. 원산지에서는 2~7월(제주 2~3월)에 개화하는데, 화서는 화경이 분화되어 8개의 라세메를 가지고 2~3개의 화서가 동시 또는 연속적으로 발생한다. 총상화서는 주홍색인 경우도 있지만 대부분 주홍색과 노란색의 조합을 이루는 등 다양하다. 꽃눈과 소화병은 길고 녹색빛의 포엽으로 완전히 감추어져 있다. 원통형 화피는 대부분 곧고 35~40mm의 길이를 갖는다. 외화피편은 기부로부터 분리되어 있고, 매우 튼튼한 형상을 가진 화피의 경우 45mm까지도 길어진다. 어원은 소화병을 둘러싸는 포엽에 의해 눈이 숨겨져 있음을 뜻한다.

참고 : 크립토포다는 재배시 잘 자라는데, 특히 일찍 개화하는 개체는 추운 지역에서도 잘 자란다. 광범위하게 분포하는 알로에로 지역에 따른 특성(개화 시기 등)의 차가 큰 편이다. 어떤 지역에서는 서리에 강하고 영하 2°C에서도 잘 견디는 것이 확인되었다. 직사광선보다 약간의 차광을 요하며, 여름철에는 적당한 수분이 필요하지만 겨울철에는 거의 수분이 필요 없다.

문헌 : 1), 3), 4), 5), 7), 9), 10)

Aloe gerstneri 제르스트네리

학명 : *Aloe gerstneri* Reynolds (isiHlabane)

분포 : **남아프리카공화국 나탈(Natal) 북부** 화강암과 규암 지대에서 자생하는데, 대부분 경사진 바위틈이다. 강우량은 주로 여름철에 발생하고 연평균 750~1,500mm이다. 여름철 온도는 온난하거나 덥고, 겨울철에는 서리가 발생하지 않는다.

특징 : 한 개체 또는 소단위 그룹을 지어 자라는데, 줄기가 없거나 매우 작다. 때때로 2개의 로제트를 가지는 경우도 있다. 잎은 연한 회녹색으로 가끔 엽정 근처 중간 라인으로 다소 융기된 부분 위에 가시가 있는 경우도 있다. 어린 개체는 양쪽 잎에 대체로 가시가 많지만, 성숙해지면서 사라진다. 엽연은 날카롭고, 밝은 갈색 가시를 가지고 있다. 원산지에서는 2~3월(제주 1~3월, 7~9월)에 개화하는데, 어린 개체에서 화서는 일반적으로 단순하지만(하나의 화경), 성숙한 개체에서는 3개 정도로 분화된다. 화강암 지역에서 자랄 때에는 대체적으로 더 왕성하게 자라고, 6개 정도의 라세메를 가지기도 한다. 화서가 처음으로 눈(芽)에서 나타날 때, 마치 타 버린 것처럼 마르고 진갈색 포(포엽)로 두껍게 둘러싸여 있다. 라세메가 발달할 때, 하부 방향 모든 곳의 눈을 볼 수 있다. 처음에는 주황색에서 진한 빨간색이 되고 개화한 꽃은 붉은빛 노란색을 띤다.

참고 : 중성 토양에 안정적으로 자라는 알로에이다. 재배가 용이하고, 서리가 오기 전에는 꽃도 잘 핀다. 산성 토양에는 석회를 가볍게 시비해 주어야 한다.

문헌 : 1), 3), 4), 9)

학명 : *Aloe globuligemma* Pole Evans (乙女錦, 百麗錦 / Knoppiesaalwyn, Lekopanoe)

분포 : **남아프리카공화국 트란스발주 남부, 로데시아** 개방되어 있거나 덤불들이 우거진 곳 사이처럼 평평한 덤불숲에서 자란다. 트란스발주 남부의 덥고 서리가 없는 저지대에서 자생하나 보츠와나 주변 산지나 동쪽 산허리 지역에서도 자생한다. 하지만 일반적으로는 평평한 덤불을 선호한다. 매년 여름 강우량은 약 500mm 정도이며 온도는 때때로 38℃에 이른다.

특징 : 줄기가 없거나 빽빽한 집단 또는 군집 형태로 분지 형태를 이루어 땅에 엎드린 줄기를 가지고 1m 정도로 길어질 수 있다. 연한 청록색 잎은 아치형으로 펼쳐져 있고 잎 끝은 휘어져 있다. 잎 가장자리는 하얀색 연골 언저리로 연하고 견고하지만 단단하지 않은 가시를 가지고 있다. 원산지에서는 7월(제주 1~3월)에 개화하는데, 화서는 1m까지 올라가며 기울어져 펼쳐진 가지를 가진 원추화서 형태를 띤다. 때때로 2개의 화서가 로제트로부터 동시에 자라기도 한다. 꽃은 위쪽 방향과 가지 기부 방향으로 향해 있으며 곤봉모양을 하고 있다. 학명은 둥글고 구형인 꽃눈으로부터 유래되었다.

참고 : 이 알로에는 매우 더운 지역에서 유래되었다. 꽃은 7월에 피어 서리에 약하기 때문에 따뜻하고 볕이 잘 들고, 특히 잘 보호되는 조건이 필요하다. 토양은 모래땅으로 배수가 잘돼야 한다.

문헌 : 1), 3), 4), 5), 7), 9), 10)

Aloe guerrae 궤르라이

학명 : *Aloe guerrae* Reynolds

분포 : **앙골라** 1,200~1,650m 지대의 산발적으로 관목 덤불이 분포하는 초원에서 많이 자생한다.

특징 : 단독 개체로 자생하며 줄기가 없거나 매우 짧은 형태를 취한다. 잎은 24매 정도가 밀집해서 약간 기울어진 로제트를 형성하고 피침형 모양을 띠는데 탁한 녹색 잎에는 옅게 줄무늬가 있다. 엽연은 물결모양의 가시를 가지고 있는데 옅은 갈색 또는 붉은빛 갈색을 띠고 기부로 갈수록 많아지며 엽정으로 갈수록 간격이 넓어진다. 원산지에서는 5~6월에 개화하는데, 화서의 길이는 90~100cm로 화경의 중간 부위에서 약 8~10개로 분화되고 라세메 밑에는 약간의 포엽이 있다. 라세메는 거의 수평에 가깝게 기울어져 있는데 꽃이 한쪽 방향으로만 향하고 있는 것이 궤르라이의 특징이다. 화피는 개화했을 때 주홍색을 나타내고 40mm 길이에 원통모양의 삼각형 형태로 곧게 또는 약간 휘어져 있다.

문헌 : 4), 5)

학명 : *Aloe keithii* Reynolds

분포 : **스와질란드** 산의 정상 부근에 개방되어 볕이 잘 드는 공간에서 자생하거나, 빽빽한 덤불 사이의 잘 마른 암석 지대에서 자생한다. 원산지는 연평균 여름 강우 750~900mm 정도이며, 상당히 자주 안개가 낀다. 여름철 온도는 온난하고 더우며 겨울철에는 서리가 없다.

특징 : 단일 개체 또는 소규모 그룹의 형태로 발견된다. 일반적으로 줄기가 없지만, 성숙한 표본에서는 30cm 길이까지 줄기가 자란다. 수직으로 뻗어 가는 잎은 개방된 공간에서 자라는 개체인 경우 엽정 방향으로 연한 갈색빛을 띠지만, 덤불숲 속에서 드문드문 자라는 개체인 경우 녹색을 띤다. 잎은 흐릿한 줄무늬와 뚜렷하면서 분명치 않은 하얀색 타원형 반점을 가지며 엽연에는 뿔 같은 날카로운 갈색 가시가 있다. 원산지에서는 7월(제주 5~7월)에 개화한다. 화서는 5~8개의 화경을 가지는 원추화서로 아주 가끔은 1~2개의 화경만 있는 것도 있다. 꽃은 산홋빛 빨간색이고 화피는 뚜렷한 기부의 융기를 갖는다.

참고 : 추운 지방에서는 겨울철 보온에 신경을 써야 하며, 서리에 의해 피해를 볼 가능성이 높다. 겨울철에 꽃이 피었을 때, 서리가 오면 꽃은 거의 떨어져 버린다. 최저 평균온도는 10°C 정도로 일반적으로 햇볕이 잘 드는 곳에서 자라지만 약간의 차광이 있어도 괜찮다.

문헌 : 3), 4)

Aloe lavranosii 라브라노시

학명 : *Aloe lavranosii* Reynolds

분포 : **예맨** 고도 1,370m 부근의 현무암 언덕 지대의 저지대에서 많은 개체가 자생하고 약 380mm의 강우량이 연중 분포한다.

특징 : 다육 다즙 식물로 줄기가 없거나 15cm 길이의 짧은 포복성 줄기를 가진다. 드물게 단독으로 자생하나 일반적으로는 5~8개의 로제트 그룹을 형성하고 있다. 잎은 10~14매 정도로 밀집하여 로제트를 구성하며 비스듬히 위를 향해 잎이 펼쳐져 있다. 다소 갈고리 모양을 하고 있으며 엽정 부위는 살짝 휘어져 있다. 길이 28cm, 기부 폭 7.5cm, 15mm 정도의 두께를 가지며 매우 딱딱하고 단단하며 연초록 잎색이 특이하다. 제주에서는 12~2월, 7~10월에 두 번 개화하는데, 화서는 일반적으로 하나의 로제트에서 2~3개가 연속적으로 발생하며 위를 향해 직립하며 4~9개의 가지로 분화되고 60cm의 길이를 가진다. 라세메는 원통형 삼각모양의 총상화서 형태로 드문드문 꽃이 핀다. 1차(가장 상위) 라세메는 16~20cm의 길이를 가지나 하부의 총상화서는 조금씩 짧아진다. 소화병은 노란빛 녹색으로 8mm 정도이며 화피는 30mm 정도의 길이로 노란색인데 밝은 색상이 매우 눈에 띈다.

참고 : 하나의 로제트에서 화서가 몇 번에 걸쳐 새롭게 신장하는 경우도 있어 오랫동안 꽃을 감상할 수 있다.

문헌 : 4), 5)

학명 : *Aloe macleayi* Reynolds

분포 : **수단, 에콰토리아** 고도 1,500~2,400m 초원의 바위틈에서 자생한다.

특징 : 줄기는 없거나 매우 짧으며, 24매의 잎이 모여 밀집형 로제트를 구성한다. 잎은 진녹색에서 연녹색을 띠며 희미한 줄무늬가 있고, 연노란색 엽연에는 노란빛의 하얀 가시가 돋아난다. 길이 50cm, 엽저 넓이 12cm 정도의 잎은 건기에 들어서면 엽정에서부터 노란빛으로 색상이 변한다. 제주에서는 2~3월에 개화하는데, 화서는 살짝 휘어져 있을 수도 있지만 라세메는 수직으로 곧게 신장하고 많으면 9개까지 화경분화가 일어나기도 한다. 화경은 진한 녹색으로 마른 포엽이 존재하고, 라세메는 원통형 긴 원뿔모양으로 총상화서 형태를 띠며, 꽃색은 주홍색이지만 입구 쪽으로 갈수록 주황색에서 노란빛을 띠기 시작한다.

문헌 : 4), 5)

Aloe ortholopha 오르톨로파

학명 : *Aloe ortholopha* Christian & Milne-Redhead

분포 : **짐바브웨** 사문암 지대의 산등성에 자생한다.

특징 : 줄기가 없으며 30개 이상의 피침형 잎으로 밀집된 로제트를 형성하는데 회녹색 잎에는 갈색 가시가 돋아나 있다. 제주에서는 2~4월에 개화하는데, 화서는 80~90cm 정도로 신장하며 2~5개 정도의 라세메를 가진다. 특히 30cm 길이의 라세메는 거의 사선형으로 기울어져 있고, 주홍색에서 빨간색 꽃이 밀집해서 하늘을 향해 피어 있는 것이 이 종의 특징이다.

문헌 : 4), 5)

학명 : *Aloe reitzii var reitzii* Reynolds

분포 : **남아프리카공화국 트란스발주 동부** 약 1,500m 고도 부근의 좁은 공간에서 자생하는 알로에로 트란스발주 동부의 언덕 위에서 확인할 수 있다. 암석과 돌무덤 같은 척박한 공간에서 자라며 연평균 750mm의 강우가 대부분 여름철에 발생한다.

특징 : 대체로 줄기가 없지만 작은 포복형 줄기를 가지는 경우도 있어 소그룹으로 자생하기도 한다. 65cm 길이의 잎은 녹색으로 표면이 매끈하고 잎 윗면인 경우 엽정의 중앙 라인으로 몇 개의 갈색 가시가 분포하기도 한다. 원산지에서는 봄인 2~3월에 개화하는데, 2~6개의 라세메를 가진 화서는 1~1.3m로 높게 자란다. 매우 많은 꽃이 밀집해서 분포하는 라세메는 35~45cm 정도의 길이로 원통형 총상화서 형태를 나타낸다. 꽃은 밝은 주홍색을 띠는데 개화하면서 노란색으로 변하여 라세메가 주홍색 – 노란색의 대비를 이룬다.

참고 : 종자발아로 번식하기 쉬운 알로에로 재배가 매우 용이하며, 꽃은 서리에 의하여 피해를 입기 때문에 주의해야 한다. 특히 잎은 넓이에 비해 길기 때문에 로제트 하단부의 잎은 토양 표면에 늘어진 듯한 형태를 취한다.

문헌 : 1), 3), 4), 7), 9)

Aloe schomeri 스코메리

학명 : *Aloe schomeri* Rauh

분포 : **마다가스카르 남동부** 편마암 지대에서 자생한다.

특징 : 대체로 줄기가 없지만 매우 짧은 줄기를 가지는 경우도 있으며 지하경을 통해 새로운 개체(sucker)가 발생하여 소규모 그룹을 이루기도 한다. 30매 정도의 잎이 모여 밀집형 로제트를 구성하는데 잎색이 매우 짙은 녹색이고 옅은 하얀색 엽연에는 하얀색 가시가 돋아나 있다. 원산지에서는 5~7월(제주 1~2월)에 개화한다. 일반적으로 화경분화가 없지만 2~3개의 라세메를 가지는 경우도 있으며, 라세메는 노란색 꽃이 밀집된 원통형 또는 긴 두상 형태를 나타낸다.

참고 : 최저온도 10℃ 이상과 약간의 차광이 필요하다. *Aloe buchlohii*와 생장 습성 및 형태 등이 매우 유사하지만 잎, 화경, 화피 등이 짧고 수술이 9mm로 매우 길기 때문에 비교가 가능하다.

문헌 : 4), 5)

학명 : *Aloe striata* Hawroth (Coral aloe / Koraalaalwyn, Blouaalwyn, Makaalwyn, Streepaalwyn, Vaalblaaraalwyn)

분포 : **남아프리카공화국 케이프 서부 및 동부** 자갈밭이나 경사진 바위틈, 산 중턱 등 메마르고 건조한 곳 등 남아프리카 넓은 지역에서 자생한다. 강우량은 연간 375~500mm 정도로 특정 지역은 연중 간헐적으로 강우가 발생하고, 여름에 집중되는 경우도 있다. 온도는 상당히 다양한 편인데, 여름철에는 매우 높고 겨울철 특정 지역에서는 종종 영점 이하로 떨어진다.

특징 : 잎은 약간 평평하고 넓은 편에 속하며 색상이 다양한데 지역 또는 우세한 기후 조건에 의존한다. 파란빛 녹색에서 회녹색, 또는 노란빛 녹색을 띠는데 덥고 건조한 기간에는 현저하게 붉은빛을 띠기도 한다. 잎 모양은 대부분이 넓은 부분과 창모양으로 가는 부분에 이르기까지 부위에 따라 매우 다양한데, 끝부분이 뾰족하고 협소해진다. 잎에는 선명한 줄무늬가 있고, 잎 가장자리는 전체적으로 가시가 없으며 분홍빛 또는 불그스름한 색상을 띤다. 원산지에서는 7~9월에 개화한다. 화서는 완전히 가지로 나누어져 있고 다시 나누어져 산방화서의 형태를 띠는데 하나의 로제트로부터 1~3개로 동시 또는 연속적으로 발생한다. 화피는 동부 지역에서는 두상이나 서쪽으로 갈수록 원뿔모양이 된다. 'Striata' 라는 단어는 세로 줄무늬를 가지고 있다는 의미이다.

참고 : 정원 테마로서 인기가 있고, 꽃이 피었을 때의 밝은 색상뿐만 아니라 화사한 잎과 인상적인 로제트 등으로 매력적인 알로에 중 하나이다. 배수가 잘되고, 따뜻하며 햇볕이 잘 든다면 대부분의 기후에서 잘 자란다.

문헌 : 1), 3), 4), 7), 9)

Aloe tomentosa 토멘토사

학명 : *Aloe tomentosa* Deflers

분포 : **예맨, 사우디아라비아, 소말리아 남부** 고도 1,400~3,000m의 산 경사지에서 자생한다.

특징 : 다육질이고 짧은 포복성 줄기를 가지며 로제트는 위를 향하고 소규모에서 대규모로 밀집해서 자생한다. 잎은 16~20매 정도로 밀집한 로제트를 구성하며 삼각형 모양의 피침형이며 평균 35cm 길이에 기부 폭은 9cm 정도이다. 로제트의 아래 잎들은 하늘을 향해 휘어져 있다. 잎 윗면은 붉은빛 색조를 가진 회녹색을 띠며 기부로 갈수록 평평해지며 반점이 없다. 뒷면은 볼록하며 윗면보다 더 녹색을 띤다. 엽연은 핑크빛 갈색을 띠며 0.5~1mm 길이의 뭉툭한 가시가 20~40mm 간격으로 돋아나 있다. 제주에서는 6~7월에 개화하는데, 화서는 평균 60~70cm의 길이를 갖는다. 화경은 볼록한 형태로 14mm 폭을 가지며 얇고 매끄러운 원통형으로 위를 향하고 있고, 평균 3~4개의 가지로 분화된다. 화피는 원통형 삼각모양으로 붉은 핑크색을 띠는데 솜털이 수북이 덮여 있다. 24~28mm 길이로 기부가 약간 둥그스름하고 자방 부위는 7~8mm 직경으로 개화시 입구가 많이 개방된다.

참고 : 알로에 속 중에서도 화피에 하얀색 솜털이 있는 종은 그리 많지 않은데 *Aloe trichosantha*는 토멘토사와 유사한 특성을 가지고 있다. 하지만 라세메도 짧고 솜털도 적어 확실히 구분이 된다.

어원 : 학명은 '가늘고 부드러운 털로 덮여 있는(tomentose)' 특성에서 유래되었다.

문헌 : 4), 5)

학명 : *Aloe vera* (L.) Burman (= *Aloe barbadensis* Miller / Medicinal Aloe)

분포 : **아라비아 반도** 원산지에 대해서는 정확히 알려지지 않았지만 고대시대부터 지중해 주변, 서인도에서도 분포했다고 하며, 일반적으로는 아라비아 반도를 원산지로 예상하고 있다.

특징 : 대체로 줄기가 없지만 아주 짧은 원줄기가 발생하는 경우도 있다. 지하경을 통해 새로운 개체가 발생하여 밀집된 그룹 형태로 자생한다. 16매 정도의 넓고 두터운 잎이 밀집하여 로제트를 형성하는데 잎에는 다육질을 많이 포함하고 있다. 회녹색의 잎 표면은 매끄럽고 엽연에 가시가 있으며 어린 개체에서는 하얀색 반점이 잎에 분포하지만 성숙하면서 없어진다. 한국에서는 4~6월에 집중적으로 꽃을 피우나 연중 조금씩 개화하는 모습이 확인되기 때문에 개화기는 일정치 않다. 화서는 60~90cm 정도 자라며 2~3번의 화경분화가 이루어져 촛대모양의 형태를 취하고, 30~30cm 길이의 원뿔형 라세메에는 노란 꽃을 피운다.

참고 : 더운 지역에서 광범위하게 재배되는 알로에로 2,000년 이상 선발 재배되어 왔기 때문에 다양한 형태의 품종이 존재한다. 주변에서 볼 수 있는 베라도 선발된 품종 중 하나라고 판단할 수 있다. 잎 속의 다육조직인 겔(gel)을 약용, 식용 그리고 각종 상업적 용도로 이용한다. 내한성이 있어서 약한 서리에 견딜 수 있지만 생육이 현저히 나빠지기 때문에 국내에서는 하우스 내에서 재배하는 경우가 대부분이다.

문헌 : 4), 7)

Speckled & Spotted Aloes
(반점형 알로에)

Aloe framesii

Speckled Aloes

생육 형태가 매우 다양하지만 짧은 줄기를 가진 형태로 잎 양면에 작고 불규칙한 반점이 있는 알로에를 말한다. 이 그룹에 속한 대부분의 알로에는 꽃이 관(tubular) 모양으로, 꽃의 기저 부분인 씨방 주위가 부풀어 오르지 않은 형태를 취한다. 또한 Spotted Aloe와 비교했을 때, 폭이 좁고 긴 잎을 가지며 건기와 같이 수분이 필요한 시기가 다가오면 잎 색이 붉은빛이 돈다.

- *Aloe framesii*

Spotted Aloes

줄기가 없거나 매우 짧은 줄기를 가진 형태로 잎에는 많은 반점이 있고 화서는 지표면으로부터 화경이 위로 자라나 둥그스름한 형태를 띠는 알로에이다. 이 그룹에 속한 알로에는 대부분 작거나 중간 이하의 로제트 크기로 잎이 길이에 비해 넓은 편에 속하고, 특히 꽃은 씨방 부위가 두드러질 정도로 부풀어 오른 특성을 가진다.

- *Aloe grandidentata*
- *Aloe lettyae*
- *Aloe swynnertonii*

Aloe trachyticola

Aloe swynnertonii

Aloe framesii 프라메시

학명 : *Aloe framesii* L. Bolus (= *Aloe amoena* Pillans)

분포 : **남아프리카공화국 케이프 북서부** 100~330m 이하의 낮은 고도에서 케이프의 서부 해안가를 따라 인접해 있는 평평한 모래밭에서 소그룹을 이루며 자생한다.

특징 : 줄기는 복와성(decumbent)으로 많이 형성되어 20개의 로제트를 이룰 정도로 그룹을 지어 자생하는 알로에이다. 30cm 길이의 피침형 잎은 회녹색으로 약간 푸른빛을 띠기도 하는데, 잎의 양 표면에 하얀색 반점이 불규칙적으로 분포하고, 엽연에는 적갈색 가시가 10mm 간격으로 돋아나 있다. 원산지에서는 6~7월(제주 2~3월)에 개화하는데, 화서는 대체로 3개의 라세메를 가지고 있으나 화경분화 없이 하나의 라세메로 70cm까지 자라는 경우도 있다. 꽃은 관상(tubular)으로 옅은 진홍색이지만 때때로 입구가 녹색을 나타내기도 하며, 개화하면서 노란색으로 바뀐다.

참고 : 프라메시는 *Aloe microstigma*에서 갈라진 해안가에 자생하는 아종(subspecies)으로 평가받기도 한다. 대체적으로 정원 등에서 잘 자라지만 해안가에서 멀리 떨어진 곳은 생육이 매우 나빠질 수도 있다.

문헌 : 1), 3), 4), 9)

학명 : *Aloe grandidentata* Salm Dyck (Karoo-bontaalwyn, Bontaalwyn, Kanniedood, Kleinbontaalwyn)

분포 : **남아프리카공화국 케이프 남부, 트란스발주 서부** 넓게 분포되어 있는 알로에로 발 강(Vaal River)을 따라 많은 개체수가 발견되었다. 일반적으로 밀집된 군락을 형성하여 자생하는데 평지, 자갈밭, 바위가 많고 돌출된 건조한 지역에서 발견된다. 여름철 온도는 빈번히 매우 높고, 겨울철에는 종종 영점 이하로 떨어질 때도 있다. 여름철 강우량은 연평균 250~500mm 내외이다.

특징 : 줄기가 없거나 매우 짧고, 밀집된 군락을 형성한다. 잎은 녹색부터 갈색 또는 보랏빛 녹색을 띠며 양 표면에 많은 반점들이 있다. 잎 뒷면은 앞면보다 확연한 반점을 나타내며 물결모양의 세로 줄무늬가 배열되어 있다. 엽연은 연골성 갈색 색조를 띠며 튼튼하고 날카로우며 연골성의 붉은빛 갈색 또는 진한 갈색 가시가 돋아나 있다. 오래된 잎들은 정단으로부터 건조되면서 꼬인다. 원산지에서는 8~11월에 꽃을 피운다. 화서는 4~7개의 라세메를 가지는 원추화서의 형태를 보이며, 꽃은 진한 산호빛 적색 또는 진한 핑크색, 그리고 매우 드물게 진한 살구색을 보이기도 한다. 학명의 어원은 '커다란 가시'를 가지고 있음을 의미한다.

참고 : 그란디덴타타는 재배가 매우 용이하다. 산성 토양일 경우 석회를 보급해 주어야 하며, 자연 조건이 나빠도 일반 토양에서 자랄 수 있다. 꽃이 피면 쉽게 구별될 수 있는데 'Saponariae' 그룹에서 곤봉모양의 꽃을 가진 유일한 알로에이다.

문헌 : 1), 3), 4), 7), 9)

Aloe lettyae 레티에

학명 : *Aloe lettyae* Reynolds

분포 : **남아프리카공화국 트란스발주 북동부** 관목림 속과 개방된 긴 수풀 속에서 자생한다. 그리고 언덕이나 산의 경사지에서도 자생한다. 강우량은 여름에 집중되며 연평균 900~1,025mm 정도이다. 여름철 온도는 매우 덥고 간혹 서리가 발생하기도 한다.

특징 : 단독으로 자생하는 표본은 관목림과 수풀이 우거진 경사지에서 드문드문 자생한다. 로제트는 흐린 녹색 또는 푸르스름한 녹색으로, 수직으로 펼쳐지는 잎을 가진다. 잎의 상부는 드문드문하게 넓고 긴 흐릿한 하얀색 반점이 많이 있다. 잎 뒷면 반점은 엷고 비연속적인 횡단 줄무늬가 배열되어 있으며, 엽연은 날카로우며 갈색 가시를 가지고 있다. 원산지에서는 2~4월에 개화한다. 화서는 화경이 길게 신장하고 건장한 알로에의 경우 라세메가 20개에 이를 정도로 재분화된 화경의 원추화서를 갖는다. 꽃색은 장밋빛 빨간색이고 화피는 크고 뚜렷하게 둥글며, 팽창된 기부를 가진다. 이 알로에는 쉽게 발아하며 종자로부터 3~4년째에 개화한다. 재배가 매우 잘되며, 서리가 발생한 후에 개화하며, 식별할 수 있는 주요한 2가지 특징이 있는데 크고 둥글며 팽창한 기부를 가진 화피와 특이하게 휘어지는 가지를 갖는 화서가 그것이다.

참고 : 발아가 용이해서 대부분 종자발아로 번식한다. 화피는 크고 둥글며 팽창한 기부를 가지며, 화경은 특이하게 휘어지는 특성을 보인다.

문헌 : 1), 3), 4), 9)

학명 : *Aloe swynnertonii* Rendle

분포 : **짐바브웨, 남아프리카공화국** 초원이나 덤불이 우거진 산등성이에 자생한다. 이곳은 대체로 매우 덥고 서리가 없으며 연평균 강우량이 750~1,025mm로 여름철에 집중된다.

특징 : 짧은 줄기가 있을 수도 있지만 일반적으로는 없으며 단독 또는 3~4개체가 소규모 그룹으로 자생한다. 25~30cm 길이의 피침형 잎이 밀집하게 로제트를 구성하며 잎 윗면에만 반점이 있는 것이 특징이다. 원산지에서는 5~6월에 개화한다. 화서는 1.5~1.75m로 매우 길며 하나의 원추화서 형태를 띠는데 8~12개의 라세메로 분화된다. 라세메는 머리 모양처럼 뭉툭한 형태로 밀집하게 꽃이 피어 있으며 밝은 핑크색에서 희미한 산홋빛 빨간색으로 화피의 씨방 부위가 볼록하게 팽창해 있는 것이 특징이다.

참고 : 추운 환경에서는 자라기 힘든 알로에로 매우 덥고 볕이 잘 드는 곳에서 자생하며 잎에 난 하얀색 반점이 특징이다.

문헌 : 1), 3), 4), 5), 9), 10)

Dwarf & Grass Aloes
(소형 알로에)

Aloe brevifolia

Dwarf Aloes

로제트가 매우 작은 소형 알로에 형태를 말한다. 이 그룹에 속한 알로에는 대부분이 그룹으로 모여서 자생하고 잎은 좁고 안으로 휘어져 있고 솟아오른 하얀 결절(tubercle)을 가지고 있다. 화서는 화경분화가 없이 하나의 라세메를 가진다. 크기가 작기 때문에 다육식물 애호가들에게 매우 가치 있는 알로에라 할 수 있다.

- *Aloe brevifolia*
- *Aloe descoingsii*
- *Aloe millotii*

Grass Aloes

식물체가 호리호리하고 거의 줄기가 없으며 잎은 길고 좁아 마치 풀과 같은 형태를 띤다. 이 그룹에 속한 알로에의 대부분이 잎에서만 다육질을 보유하고, 잎의 기부에는 종종 하얀 반점이 있으며 화경분화가 없는 화서의 특징을 갖는다.
잎에 다육조직을 저장할 공간이 적기 때문에 일반 알로에에 비하여 수분 요구도가 높으며 약간의 차광된 조건을 선호한다.

- *Aloe albiflora*

Aloe albiflora

Aloe brevifolia

Aloe brevifolia 브레비폴리아

학명 : *Aloe brevifolia* Miller

분포 : **남아프리카공화국 케이프 남부** 자갈밭의 점토 토양에서 자생하는데 케이프 남부의 작은 산이나 경사지에서 발견된다. 강우는 여름철과 겨울철에 발생하는데 연평균 375mm 정도이며 온도는 여름철에 상당히 높고 겨울철은 시원한 편이다.

특징 : 줄기가 없거나 기부에서 잔가지가 발생한 형태로 10개 또는 그 이상의 로제트가 매우 밀집된 그룹으로 자생한다. 잎은 연녹색에서 연한 청록색을 나타내며, 종종 핑크빛을 띤다. 잎의 윗면은 가시가 없고 뒷면에는 잎 위쪽 부분 또는 중심선에 조금 산재된 가시가 존재한다. 잎의 수액은 깨끗하고 엽연의 가시는 하얀색이다. 원산지에서는 10~12월(제주 5~6월)에 꽃을 피우는데 화서는 단일화서로 꽃이 드문드문하게 밀집되어 있다. 눈은 신선한 포엽에 의하여 감추어져 있고 외화피편은 기부와 분리되어 있다.

참고 : 볕이 잘 드는 곳에서 건강하게 자라기 때문에 실내 재배시 빛을 많이 받을 수 있도록 주의해야 한다. 특히 건조한 환경을 좋아하는데, 물을 많이 주면 기부 근처에서 시드는 경향이 많다. 특히 표면 부근에 추가적으로 다량의 모래를 덮어 주어야 한다.

문헌 : 1), 3), 4), 7), 9)

학명 : *Aloe descoingsii* ssp. descoingsii Reynolds

분포 : **마다가스카르** 고도 350m 부근의 석회암 경사지에서 자생하는데 대부분 경사지 정상의 얕은 토양에서 많이 발견되었다.

특징 : 줄기가 없거나 매우 짧은 줄기를 가지며 지하경을 통한 개체에 의하여 밀집된 그룹을 형성하여 자생한다. 8~10개의 잎이 모여 밀집된 로제트를 구성하고, 길이 3cm, 엽저 넓이 1.5cm 정도의 매우 작은 잎을 가지기 때문에 로제트의 크기가 대부분 5cm 미만으로 아주 작다. 옅은 녹색 잎에는 작은 하얀색 혹(tubercle)이 매우 많이 있으며 표면은 거칠고 엽연에 하얀색 연골성 가시가 돋아나 있다. 국내에서는 2~3월에 꽃을 피운다. 화경의 분화가 없는 12~15cm의 화서에는 라세메가 두상 형태로 존재한다. 주홍색의 꽃은 7~8mm의 길이에 직경이 4mm 정도로 단지모양(urceolate)을 하고 있으며 노란색 입구가 꽃색과 무척 대비되며 특히 수술이 화피 밖으로 돌출되지 않는다.

참고 : 동전 크기만 해서 이름이 붙여진 종으로 세계 최소형 알로에로 알려져 있다.

문헌 : 4), 5)

학명 : *Aloe millotii* Reynolds

분포 : **마다가스카르** 석회암 지대에 자생한다.

특징 : 줄기의 밑동에서 20개 정도의 분지가 발생하며 복와성(decumbent) 형태로 그룹을 지어서 자생한다. 줄기는 곧거나 무작위로 뻗어나가 25(폭 0.7~0.9)cm에 이르는데, 어린 개체일 경우에 잎이 2열생(이직열선; distichous) 형태로 양쪽 방향으로 나열된 형태를 띤다. 성숙한 개체의 잎은 8~10매 정도로 느슨하게 로제트를 구성하며 송곳모양으로 가늘고 엽정이 둥글며 잎의 길이는 8~10(기부 폭 0.7~0.9)cm 정도이다. 잎 윗면에는 기부 근처에 하얀색 반점이 있고 잎 뒷면에는 렌즈모양의 많은 반점들이 존재한다. 화서는 12~15cm 정도로 단일화경이고 라세메는 원통형 총상화서 형태를 취한다. 3~5cm 정도의 라세메에 꽃이 6~8개 정도로 드문드문 나 있고 밝은 주홍색을 띠지만 꽃의 입구 쪽은 하얀색을 띤다.

참고 : *Aloe jacksonii* Reynolds와 생장 습성 및 형태 등에 있어 매우 유사하다. 하지만 밀로티는 2배체(2n=14) 알로에로 4배체인 약소니와는 염색체의 개수가 다르며 전체적으로 약간 작은 특징을 가진다.

문헌 : 4), 5)

학명 : *Aloe albiflora* Guillaumin

분포 : **마다가스카르** 열대우림의 척박한 토양에서 자생하고 사방이 트인 공간보다는 일반적으로 관목이나 키가 큰 덤불 아래 그늘에서 자생한다.

특징 : 줄기가 없고 작게 무리를 지어 자생하며 지하부에서 신초(sucker)가 발생한다. 10개 이상의 가늘고 긴 잎이 모여 있는 로제트는 중심부가 굵고 양 끝이 가는 방추형(fusiform) 형태를 띤다. 잎은 기부에서 안쪽으로 약간 휘어져 있는데 끝이 같은 방향을 가리키는 경우가 많고, 가늘고 직선인 잎은 회녹색을 띠며 작은 하얀색 반점이 많이 분포하고 있다. 엽연에는 연하고 탄력이 있는 연골성(cartilaginous) 가시가 돋아나 있다. 국내에서는 12~1월에 꽃이 피는데, 25cm 정도의 화경에 꽃이 듬성하게 붙어 있다. 화경의 분화가 없고 긴 달걀모양의 하얀색 꽃을 피우는데 개화하면 화피가 열리면서 바깥쪽으로 휘어진다.

참고 : 잔디나 풀(Grass)과 같은 형태로 다육조직인 잎이 얇기 때문에 일반 알로에에 비해 관수를 자주 해야 한다. 직사광선을 받으면 잎이 갈색으로 쉽게 변해 버리지만 약간의 차광으로 녹색을 되찾는다.

문헌 : 4), 5)

Aloe arborescens

Part 4

알로에의 관리 및 이용

일반 초화류 및 관엽류와는 달리 다육식물은 실내에서 관리가 용이하고 크기와 형태도 매우 다양하다. 음이온 발생, 공기정화 등 건강과 더불어 정서적 안정에 상당히 기여한다는 사실이 알려지면서 집 안에서 널리 재배하게 되었으며 미니정원으로 불리며 넓은 화분에 가지각색의 다육식물을 꾸며 놓는 것이 일반화되었다.

Part 4. 알로에의 관리 및 이용

Aloe ortholopha

만약 "어떻게 하면 다육식물을 잘 키울 수 있을까요?"라고 질문한다면 어느 전문가라도 "볕이 많이 들며 환기도 잘되는 곳에서 물 관리만 잘하시면 됩니다."라는 대답을 하게 될 것이다.
이러한 무성의한 답변을 할 수밖에 없는 이유는, 다육식물이라는 큰 그룹 속에서 온·습도, 광도, 통풍 등의 환경이 변한다면 그 누구라도 정확한 정의를 내릴 수 없기 때문이다.
한마디로 재배에 최적화된 환경과 서식 조건을 일반화한다는 자체가 무리가 있기 때문에 직접 가꾸는 사람의 기본지식과 더불어 종에 대한 관심과 경험이 다육식물 재배에 있어 가장 중요하다는 것이다. 여기서 말하는 종에 대한 관심이란 알로에 재배에 있어 종에 따라서는 세심한 주의가 필요하다는 것을 의미하지만, 일반적으로 몇 가지 조건만 맞춰 주면 키우는 데 큰 어려움이 없을 것이다.

'Part 4. 알로에의 관리 및 이용' 에서는 알로에 재배를 위해 가장 널리 적용되는 일반적인 원칙만을 설명하는 것으로 알로에를 실제로 가꾸는 분들을 위한 정보를 소개하고 관상용으로서의 이용 방법에 대하여 다룰 것이다. 그 이후에는 각각의 종에 대한 관련 자료를 접하고 실제 재배 경험을 통해 자신만의 노하우를 습득해야 할 것이다.

결국 이 책에 있는 여러 가지 정보보다 개개인이 알로에를 가꾸며 몸소 느껴왔던 경험이 가장 중요하다고 할 수 있다. 단지 여기서는 알로에 종을 구분하고 이해하는 데 도움을 주기 위함이고 방향을 제시하는 것이다.

Aloe mawii

1. 알로에의 일반관리

물 주기(관수; irrigation)

우리나라는 사계절이 뚜렷하고, 사람들이 여름에 물을 많이 마시듯 계절에 맞춰 수분을 섭취하는 양이 달라짐은 상식적인 이야기이며, 이 상식은 알로에에 있어서도 마찬가지이다. 따라서 물 주기에 있어 중요한 요소 중 하나는 계절이며, 그 외로 물 주는 양, 방법이라 할 수 있다. 만약 종의 이름을 알고 있고 원산지의 분포를 확인할 수 있다면 물 주기의 기본적인 방법을 도출해 낼 수 있을지도 모른다. 예를 들어, 남아프리카의 겨울철 강우가 내리는 지역에서 자생하는 알로에인 경우, 계절에 안 맞는 물 주기를 피해야 하고 매우 건조한 토양 조건이 필요하며 연간 강수량도 조절해야 할 것이다.

계단식 선반 위에 놓인 알로에 화분들

일반적으로는 봄에는 관수 형태로 물을 충분히 주는 것이 바람직하다. 특히 잎 위로 물을 주어 겨울 동안 묻은 먼지나 흙을 쓸어내리는 식의 관수가 적당하고, 가능하면 분사 형식으로 물방울이 흘러내리도록 하는 것이 가장 좋은 방법이다. 추가적으로 꽃샘추위가 예상되는 시기에는 아침에 물을 주며, 여름철이 다가오기 시작하면 저녁으로 시간대를 바꾸는 것이 바람직하다. 참고로 직사광선이 비추는 곳에서는 알로에 잎에 남아 있는 물방울을 제거하는 것도 매우 중요하다. 관수시 화분 밑으로 물이 빠져나올 때까지 충분히 줘서 흙 속의 오래된 공기를 신선한 공기로 교체하고, 뿌리에서 나온 분비물들을 제거해 주면 좋다. 하지만 오랜 시간 동안 과도하게 물속에 잠기게 두면 이는 뿌리가 썩는

Aloe squarrosa

직접적인 원인이 될 수 있으니 유의해야 한다.

날씨가 더워지고 습한 장마가 오기 시작하면 물 주기 간격을 넓히는 것이 바람직하다. 저녁 시간에 봄과 같은 방법으로 관수를 하면 되는데, 대부분의 알로에가 안개와 같은 공기 습도에 의해 수분을 흡수하기 때문에 습도가 높으면 물 주기를 멈춰야 한다. 또한 높은 온도에 습한 조건이 지속되면 뿌리가 썩는 원인이 될 수 있고, 잎도 물러지기 때문에 통풍에 상당히 신경을 써야 한다. 이러한 관리는 장마가 끝난 여름철까지 지속되어야 하는데, 종에 따라 다르지만 35℃ 이상이 되면 알로에가 휴면에 들어갈 수 있기 때문에 수분 요구도가 매우 적어진다. 이것은 고온다습한 환경이 지속되기 때문이다. 참고로 우리나라에서는 알로에를 키우는 데 있어 실패하는 이유가 여름철 관리가 소홀해서 뿌리가 썩거나 물러서 죽게 되는 것이다.

여름이 끝나고 선선해지기 시작하면 오후에 주던 물을 온도에 따라 오전으로 바꿔 줄 필요가 있다. 가을에는 일교차가 크고 날씨도 맑아 일사량이 많기 때문에 알로에가 생육하는 데 있어 제일 좋은 시기 일지도 모르며, 봄과 같이 충분한 수분을 흡수할 수 있도록 해 준다.

날씨가 추워지기 시작하면 반드시 아침에 물을 주어야 한다. 최저온도가 10℃ 이하로 떨어지면 가급적 관수를 자제하고, 최저온도가 5℃ 부근에서는 물 주기를 반드시 멈춰야 한다. 알로에는 5℃ 이하가 되면 대부분 휴면에 들어가기 시작하므로 물을 전혀 안 줘도 3~4개월은 충분히 버틸 수 있다. 하지만 소형종 알로에는 수분을 저장할 능력이 적기 때문에 휴면 시기에도 물 주기를 지속해야 하며, 잎 끝이 죽어서 검게 변하는 현상을 방지하기 위해 날씨가 좋은 날 분무기로 살짝 잎에 물을 뿌려 주어야 한다.

만약 보존을 목적으로 관리한다면 초겨울부터 물 주기를 멈추고, 가능한 다육 조직에 수분이 저장되지 않도록 유도해서 겨울을 보내는 것이 적합하다. 비록 하위엽 몇 개가 말라 버리고, 잎 끝이 죽는 경우도 발생할 수 있지만 건조한 편이 0℃ 이하의 갑작스런 추위에서도 알로에가 생존할 수 있는 가장 좋은 방법이다.

공기 습도(Air humidity)

일반적으로 알로에는 적정한 수준의 습도가 존재하는 공기 중이라야 잘 자란다. 이것은 주로 *Grass Aloes*와 같은 잎이 얇고 평평한 종인 경우에 크게 적용될 수 있다. 남아프리카 내륙의 비가 오지 않는 겨울철은 극도로 건조한 상태이지만, 해안가 주변은 일반적으로 습도가 높기 때문에 해무와 같은 안개에 의해 수분을 흡수할 수 있다. 그러므로 내륙 종을 해안가로 이식했을 때에는 일반적으로 내륙에 있을 때보다 잘 자란다. 이와 반대로 해안가 주변에 자생하는 종이 내륙으로 이식되면 추가적인 물 주기가 반드시 필요하다. 따라서 건조한 시기에 공기 습도를 높여 주는 것도 알로에에게 매우 유익하고, 겨울철 물 주기에 있어 약간의 습도는 바람직하다는 결론을 내릴 수 있다. 하지만 통풍이 잘 안 되는 곳에서의 다습은 병해충이 만연하고 뿌리를 썩게 할 수 있는 최적의 조건이라는 사실도 기억해야 할 것이다.

온도(Temperature)

온도는 식물의 지리적 분포 범위를 결정하는 가장 중요한 역할을 하고, 어떤 알로에 종이 원하는 지역에 적용될 수 있을까도 결정할 수 있다. 대부분의 알로에는 높은 온도에서 잘 자라지만 관상을 목적으로 해안가 종을 내륙 지방에 이식했을 경우, 일반적으로 서리가 발생하기 때문에 생육에 나쁜 영향을 입히며 알로에에게 있어 가장 무서운 재해일 수 있다.

많은 화분을 가꾸고 있다면 온도계는 필수요소

대부분의 알로에는 겨울철에 휴면에 들어가는데, 약한 서리에는 저항성을 가지고 있고 특히 상대적으로 건조한 토양에서 자생하면 저항성은 커진다. 대부분의 알로에는 겨울철에 꽃이 피는데 이와 같은 서리는 특히 꽃과 화서에 악영향을 미친다. 알로에 잎은 서리가 내리면 끝에서부터 죽어 가는 경향이 있지만, 봄이 오면 매우 빨리 원상태로 돌아올 수 있다. 일반적으로 뿌리가 줄기나 잎보다 덜 추워야 하며 토양이 건조한 상태여야 하는데, 춥고 습한 토양은 토양 중의 물이 얼어서 뿌리에 큰 타격을 입힐 것이기 때문이다.

일반적으로 얘기하면 영하 5~7℃ 이하의 온도에서는 대부분의 알로에가 심하게 상처를 받거나

매우 감소하기 때문에 종자 수확 후 일년 이내에 파종하는 것이 바람직하다. 하지만 시차별 생존력에 대한 특정 빈도 또한 관찰되어 왔고, 몇몇 오래된 종자에서도 발아가 진행되리라 예상되기 때문에 보존 목적으로의 종자 보관은 매우 유용한 수단이 될 수 있다.

아프리카 남반구에서는 8월에서 2월의 어느 때라도 파종이 가능하지만 보통 밤 온도가 10℃ 이상이어야 하는 것처럼 우리나라에서도 봄부터 가을 사이에는 파종이 가능하다. 종자를 발아시키기 위하여 굵은 강모래와 채로 친 퇴비를 같은 양으로 조합하는 것이 가장 이상적이고, 더불어 재거름(wood ash)을 추가해 주면 필수적인 미량 요소의 양분으로써 매우 유용하다.

알로에 종자 발아에 알맞은 조건은 차광이다. 알로에 종의 대부분은 파종한 지 1주일 만에 발아가 시작되는데, 묘종의 뿌리는 극히 약하고 처음 올라온 잎의 크기는 매우 작기 때문에 보호가 필요하다. 직사광선은 건강하게 성장한 알로에게는 바람직할지 모르나 연약한 묘종에게는 큰 해를 줄 수 있기 때문이다. 또한 묘목 상자의 크기는 상관없으나 만약 개개의 포트로 이식하게 될 묘종이 뿌리를 가지고 갈 수 있는 조건이면 더욱 좋다.

알로에의 종자 및 열매

물 관리에 있어서, 알로에 묘종의 대부분이 물을 위로 주면 다소 축소(scaled down)되는 모습을 보인다. 비록 대부분의 알로에가 온화하거나 더운 여름에 비가 내리는 지역에서 자생하지만 극한 사막과 같은 조건을 좋아하기 때문에 묘종 위로 관수하는 것은 바람직하지 않다. 따라서 묘종이 강건하게 활착하기 전까지 발육하는 뿌리에 충격을 피하기 위하여 침수에 의해 관수하는 것이 바람직하다. 물이 들어 있는 얕은 트레이에 묘종판을 몇 분간 놓아두는 것도 좋은 방법이며 이때 묘종판의 토양이 흠뻑 젖도록 해야 한다. 추가적으로 살균제를 물에 넣어 모잘록병(Damping-off)을 방지하는 것도 좋고, 묘종판이 완전히 건조되는 것도 막아야

종자로 발아한 알로에의 묘종(seedling)

하는데 그렇다고 계속 축축한 상태를 말하는 것은 아니다. 또한 묘종은 관수용 물에 비료 성분이 약간 있으면 생장이 빨라지고 건강해지지만 비료 성분이 많으면 오히려 생육을 저해하고 잎과 뿌리가 죽을 수도 있으니 주의가 필요하다.

알로에 묘종은 3개의 진짜 잎이 형성되었을 때부터 이식할 수 있는데 일반적으로 일 년 또는 그 이내에 발생하게 되며 종에 따라 차이가 많다. 묘종의 이식은 각각의 화분에 하며, 생육이 빠른 것들은 바로 노지에서 재배가 가능하다. 그러나 묘종판에 오랫동안 유지해도 상관없는데, 묘종들이 밀집돼서 같이 자라면 한편으로는 묘종간에 뿌리 경쟁이 야기되어 로제트의 발육을 조장하는 듯이 보이기 때문에 묘종판이 꽉 들어 보이는 순간 바로 이식할 필요는 없을 것이다.

분주(포기나누기; Crown Division; Dividing)

*Aloe aristata*와 같이 지하경을 통해 새로운 신초(sucker)를 만들어 무리를 형성하는 종들, 그리고 쉽게 분지가 발생하는 점박이 알로에들처럼 무리를 지어 생존하는 알로에들은 단지 여러 개로 나누는 것만으로 쉽게 번식시킬 수 있다. 지하경을 통한 그룹일 경우, 알로에 모체에서 나누어진 작은 개체들이 일반적으로 이미 뿌리가 발달해 있고, 뿌리가 없는 것보다 매우 빠르게 토양에 정착해 생장할 수 있다.

Aloe mawii

만약 줄기에 발생하는 측아(Lateral Bud)와 같이 뿌리를 가지고 있지 않다면 5일 이상 그늘에 놓아 상처 부위를 건조시킨 후에 땅에 심어야 부패되는 것을 막을 수 있다. 측아는 모체가 되는 로제트(정아)가 상처를 입거나 죽으면 발생하기 쉬운데, 이것은 정아(Terminal Bud)가 옥신 호르몬에 의해 생육을 촉진하면서 측아의 발생을 억제하는 정아우세(頂芽優勢; Apical Dominance) 현상이 없어지기 때문이며, 분지가 어느 정도 생장한 후 절단해 주는 것도 새로운 개체를 만들기 위한 한 방법일 수 있다. 또한 세포분열을 촉진시키는 사이토키닌(cytokinin) 계의 호르몬 처리로 측아 발생을 증가시킬 수도 있다.

대체로 종에 따라 새로운 개체의 발생 양상에 명확한 차이를 나타내는데, *Aloe vera*는 지하경을 통해서, *Aloe arborescens*는 측아 발생을 통해서 그들의 자손을 증가시켜 간다. 이와 같이 영양기관을 통해 부모와 동일한 유전자형을 가지는 번식을 영양번식(營養繁殖; vegetative propagation)이라 하며, 종자를 파종해서 번식시키는 실생번식(實生繁殖; seedling propagation)과는 구분된다.

줄기 절단 후 건조시키는 모습

삽목(Cutting)

영양번식의 일종으로 삽목에 의한 번식이 어쩌면 가장 쉬운 방법일 것이다. 일반 나무형 관목의 경삽(stem cutting)은 뿌리가 활착하기까지 9~12개월은 걸리지만, 이와는 대조적으로 알로에는 단지 몇 종만을 제외하고는 대체로 몇 주만에 뿌리가 발생한다. 알로에 경삽의 매력 중 하나는 성숙한 개체로 빨리 자라며 단기간 내에 꽃을 볼 수 있다는 점이다.

선반 위에서 알로에를 증식하는 모습

경삽을 하기 위해서는 모체에서 하나의 로제트가 달린 줄기를 절단하고, 잘린 개체를 통풍이 잘되는 그늘에서 며칠 건조시켜야 한다. 하지만 *Aloe arborescens*와 같은 종은 이러한 건조조차 필요 없으며 잘린 부위에 황(sulphur)과 같은 약품을 살포해 주면 부패를 방지할 수 있는데, 발근호르몬의 적용은 발육을 촉진시키겠지만, 외부의 어떤 자극제(약품) 처리 없이도 뿌리 활착이 쉬운 편에 속한다.

소형 글라스 계통의 알로에인 경우 엽삽(leaf cutting)도 가능한데, 절단 후 건조 기간이 필요하지 않으며, 즉시 심어야 한다. 며칠 후부터 아주 약간의 물을 주기 시작하고 이것은 완전히 생육이 왕성해질 때까지 유지시켜야 한다. 그리고 뿌리 없이 생존하기 위하여 알로에가 몸부림치는 동안 잎의 색은 노란색이 도는 갈색으로 변할 수 있기 때문에 약간의 차광된 시설로 이를 방지해야 한다. 삽목할 때 주의할 점은 하위엽이나 줄기가 포함되지 않은 로제트의 삽목은 단지 땅 위에 놓여 있는 것으로 뿌리가 활착하지도 생장하지도 않는다는 사실이다.

기타

앞의 종자, 분주, 삽목 3가지 방법이 일반인들이 할 수 있고 가장 보편화된 알로에 번식 방법이라 할 수 있다. 이외에는 조직 배양을 통한 방법, 생장 호르몬에 의한 방법 등이 있으며, 아래의 사진과 같이 화경에 주아(bulbil)가 발생하여 꽃이 다 질 때까지 생존하다가 땅에 떨어져서 번식하는 특이한 경우도 있다.

왼쪽 : *Aloe pluridens*, 오른쪽 위 : *Aloe vera* 조직 배양, 오른쪽 밑 : *Aloe bulbillifera*

3. 알로에와 병해충

깍지진디에 피해를 본 *Aloe striatula*

알로에를 재배하는 데 있어서 해충과 병을 막는 첫 번째 규칙은 건강하게 잘 키우는 것이다. 생육이 좋은 알로에는 이러한 적으로부터 견딜 수 있는 저항력을 갖추고 있고, 이를 위해서는 알로에가 자라는 장소부터 많은 주의를 기울여야 한다. 예를 들어 식물이 충분한 광도의 빛에 노출되지 않는다면 너무 연약하게 자라서 곤충이나 거미류에게 특히 공격을 당하기 쉬운 상태가 된다. 대체로 알로에에 발생하는 대부분의 해충과 병은 살충제 및 살균제에 의하여 쉽게 구제가 가능하지만 아무리 알로에 재배 및 생육 조건에 주의를 기울인다 하더라도 몇몇 알로에 종은 쉽게 병해충에 곤란을 겪고 만다. 정원 또는 자연 서식지에서 자생하는 *Aloe marlothii*는 모든 상상 가능한 병으로부터 피해를 입기 쉽지만, 종자로부터 자라난 실생묘는 이러한 병해충에 대체 능력이 큰 편이다.

하지만 일반적으로 알로에는 병해충에 대한 저항성이 다른 식물과 비교했을 때 매우 크고, 발생도 매우 적으며, 만약 발생하더라도 초기에 대처만 잘하면 거의 피해를 입지 않을 수 있다. 예를 들어, *Aloe littoralis*와 *Aloe cryptopoda*는 내충성, 내병성이 강해 파괴적인 해충의 습격에 대하여 방어하고 견딜 수 있는 능력을 가지고 있고, 잎 또한 거의 영향을 받지 않는다.

결론은 방제보다는 예방이 우선이라는 것이다. 즉, 건강한 알로에는 부적절한 관수, 불충분한 배수, 또는 너무 강한 차광에 시달린 알로에보다 병해충에 피해를 덜 입는다는 것이다. 그러나 모든 식물체와 마찬가지로 알로에도 다양한 병에 걸릴 수 있고, 어떤 병은 빠르게 식물을 죽일 수도 있으며 외형을 망가뜨릴 수도 있기 때문에 주의가 필요하다. 참고로 알로에에게서 매우 흔하게 볼 수 있는 병해충을 언급하면 다음과 같다.

- **Black rust(검은 녹병)** : 녹병균(rust fungus)에 의하여 야기되는 병으로 잎 양면에 검은 반점을 만들며 식물체 자체를 죽음으로 몰아갈 수 있는데, *Aloe vera*는 다른 종에 비해 민감하게 반응한다. 불행하게도 침투성 살균제(systemic fungicides)도 그리 효과적이지 않기 때문에 가장 좋은 방법은 병에 걸린 잎을 제거하고 비료 및 관수에 의하여 건강한 알로에로 개선시키는 것이다.
- **Aphid(진딧물)** : *Aloe variegata*와 같은 종은 종종 진딧물에 의해 공격을 당하고 무당벌레와 같은 포식성 곤충에 의해서 차례차례 제거될 수 있다.
- **White scale insects(하얀 깍지진디)** : 잎과 줄기를 하얗게 덮어 버리고 잎 뒷면은 더욱 심한 증상을 나타내며 가장 흔하게 발생하는 병해충에 속하지만, 현재의 연무성 접촉살충제에 의해 쉽게 방제할 수 있다.
- **Galls(aloe cancer; 혹병)** : 병원균이 식물의 줄기, 잎, 뿌리 등에 기생하여 이상 발육을 일으키는 병으로 알로에의 잎 또는 화서의 극심한 기형을 야기한다. 보통 응애(mite; 진드기)의 침투에 의한 결과로 기형적인 세포 생장을 자극한다. 이것은 쉽게 방제되지 않는데 병에 걸린 부위를 칼로 제거하고 상처 부위를 수화제 형태의 살충제로 처리하면 도움이 된다.
- **Snout beetle(바구미)** : 남아프리카에서 가장 문제되는 해충으로 로제트 기부에 구멍을 뚫어 알을 까놓는다. 이 유충(larvae)이 줄기를 파먹어 썩고 궁극적으로는 식물체를 주저앉게 한다.

바구미에 의해 썩은 로제트 기부

4. 보존과 육종

알로에는 원산지인 아프리카 지역에서도 국가 식물목록에 등재시키고 종자전쟁이라 불릴 정도로 자생종에 대한 보호가 심하여 요즘, 원산지에서는 반출을 엄격히 금지시키고 있으며, 희소종에 대해서는 보존 대책을 마련하는 등 심혈을 기울이고 있다.

여기서 말하는 '보존과 육종' 은 위와 같이 거창한 내용을 설명하려는 것이 아니라 단지 알로에를 가꾸는 일반인들이 관심을 가질 만한 부분을 간단히 설명하고자 하는 것이다. 만약에 단순히 관상용에 가치를 두는 사람이라면 읽지 않아도 무방할 것이다.

Aloe aristata

보존(conservation)

보존이란 바로 오랫동안 보호하는 것을 말하는데 만약에 국내에는 별로 없는 희귀종을 가지고 있고, 그 종이 죽는 것을 두려워한다면 관상용에 초점을 맞추지 말고 보존용으로 생각해야 한다는 것이다. 지금까지 설명해 왔던 관리 방법은 '어떻게 하면 잘 키울까?' 라는 재배 · 증식에 초점을 맞추고 있을 뿐이다. 따라서 위의 일반적인 방법으로 희귀종 알로에를 가꾼다면 죽을 가능성도 높다. 따라서 'Part 1' 에서 이야기했듯이 지금까지의 일반적인 지식을 가지고 희귀종에 대한 정보를 확인한 다음, 지금까지의 경험을 바탕으로 가꾸는 방향을 잡는 것이 무엇보다 중요하다.

알로에를 비롯해 다육식물은 '게으른 사람이 잘 가꾼다' 라는 우스갯소리가 있다. 이 말의 뜻은 알로에가 죽는 대부분의 이유가 어쩌면 너무 많은 관심을 갖고 물도 많이 주고, 빛도 자주 쬐어 주며, 분갈이도 열심히 해서라는 의미일 수도 있다. 따라서 관심은 갖되, 종의 특성을 이해하고 별도로 구분하여 관리해야 한다. 예를 들어 *Aloe polyphylla*는 관상용으로 매우 각광받고 있는 종이지만 재배하기가 매우 어렵고 원산지에서조차 멸종위기에 봉착해 있는 종으로, 멸종을 막기 위하여 조직 배양을 활용하자는 등의 의견이 있을 정도로 꽤 유명한 종이다. 다른 곳으로의 이식도 성공하기 어렵고 토양과 수분 관리는 전문가조차 특별한 주의를 기울이지 않으면 몇 년을 넘기지 못할 정도로 재배가 힘든 종으로 평가받는다.

참고로 알로에를 보존 목적으로 키우고자 할 때, 일반적인 관리 방법은 다음과 같다.

- 알로에는 물빠짐이 좋은 토양에서 영양분이 약간 부족한 느낌으로 키운다.
- 물 관리를 조정하여 알로에가 살짝 건조 스트레스를 받도록 키운다.
- 습도를 낮게 하고 통풍에 주의를 기울여 병해충 방제에 노력한다.
- 대낮의 햇빛은 차광해야 하지만 충분히 밝은 곳에 위치하도록 해야 한다.
- 온도를 5℃ 이하로 가급적 떨어뜨리면 안 된다.
- 분갈이는 2~3년 주기로 그늘에서 행한다.
- 일교차가 클수록 바람직하며 실내에서는 야간에 조명이 비춰지지 않도록 유의해야 한다.

육종(Breeding)

육종(育種)이란 간단히 재배하는 동 · 식물을 유전적으로 개량하여 기존보다 가치가 높은 새로운 품종을 육성하는 것을 의미한다. 만약 추운 지역의 정원에서 알로에를 키우길 원한다면 내한성을 가진 알로에를 선택해야 하는데 원산지 정보를 통해 유추가 가능하다. 여기에서 생각해 볼 내용은, 광범위하게 자생하는 종들은 이러한 환경 조건에 적합한 가장 좋은 유전적 형태를 지녔을 것이며, 따라서 추운 지역에 자생하는 종은 내한성을 가지고 있다는 것이다.

Aloe vera × Aloe arborescens

알로에를 비롯해 다육식물을 가꾸는 모든 사람들은 육종가가 될 수 있는 최소한의 기반을 갖췄다고 할 수 있다. 지금까지도 널리 이용되고 있는 거의 대부분의 작물들이 수세기에 걸쳐 일반 농민에 의하여 개량되어 온 품종들이고, 20세기가 되어서야 '멘델(Mendel)의 유전법칙' 이 재발견되고 육종 기술이 체계화되었다.

이렇게 체계화되어 온 육종법은 다양한 방법과 기술을 포함하고 있지만, 여기서는 일반인들도 실내에서 할 수 있는 인공교배를 통한 교잡육종에 대해서만 간단히 이야기해 볼까 한다. 따라서 육종을 어렵게 생각하지 말고, 약간의 관심을 기울여 육종가의 꿈을 꿔 보는 것도 좋을 듯하다.

알로에는 자연 상에서 종간교잡종이 확인되는 등 종간의 유연관계가 매우 가깝다. 대체로 타가

수정을 통하여 종자를 생산하고, 자가불화합의 성질을 가지고 있기 때문에 관상용 신품종을 목적으로 하는 육종이 교배를 통해서 가능하다. 만약 개화 시기가 비슷한 2가지 이상의 알로에 종을 가지고 있다면, 우선 핀셋 하나와 작은 노력만으로 준비가 끝난다. 물론 여러 가지 변수가 있어서 순조롭게 진행되지 않을 수도 있다. 또한 교배성공률도 콩과 같은 작물에서는 전문가라 하더라도 10% 미만이다. 교배할 수 있는 꽃이 몇 개 없을 때에는 아마도 일 년에 10개도 채 수분하지 못할 수도 있다. 앞으로 몇 년이 걸릴지도 모르지만, 새로운 품종을 직접 창조한다는 매력은 그것만으로도 시도해 볼 가치가 충분하다. 단지 한쪽 수술의 꽃밥을 따서 다른 종의 암술에 핀셋으로 묻혀 주면 된다. 알로에의 인공교배법에 대해 간단히 설명하면 다음과 같다.

- **개화 시기를 맞춰 준다** : 여러 가지 방법이 있지만 여기서는 생략한다.
- **모본으로 선택한 식물의 수술을 제거해 준다** : 자가불화합성인 알로에라 할지라도 웅예선숙(Protandry)이기 때문에 꽃잎 밖으로 빠져나온 수술을 핀셋이나 가위로 제거해 주면 좋다.
- **부본의 꽃밥을 모본의 암술머리에 수분시킨다** : 며칠 지나 암술이 신장해서 꽃잎 밖으로 돌출했을 때, 부본의 신선한 꽃가루가 붙어 있는 수술대를 핀셋으로 꺾어 조심스럽게 모본의 암술머리에 묻혀 준다.
- **수정되어 열매가 맺히길 기다린다** : 1주 정도면 성공 여부가 확인된다.
- **열매가 성숙하면 종자가 떨어지기 전에 수집한다** : 열매가 말라서 갈색으로 변할 때까지 기다린다.
- **종자를 파종해서 알로에를 키운다** : 'Part. 4 - 2. 알로에의 증식' 편을 참고한다.
- **모본, 부본과 비교해 본다** : 중간적인 형질을 나타낼 수도 있지만 한쪽 부모의 성질만을 나타낼 수도 있다.

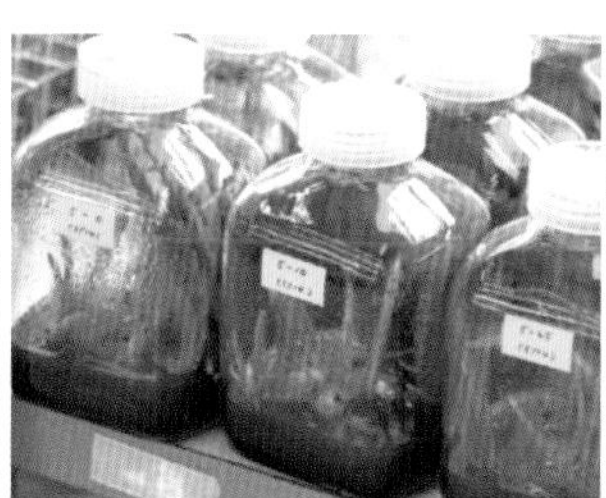

왼쪽으로부터 Aloe arborescens, Aloe vera 조직 배양, Aloe vera의 뇌수분(Bud Pollination)

5. 알로에의 이용

알로에는 의약품, 화장품, 건강식품, 관상용 식물 등 다양한 방면에서 오랫동안 이용돼 오고 있으며, 아직까지도 고전적인 방식의 이용 또한 많이 남아 있다. 특히 Aloe vera의 치유 특성은 이미 매우 유명해서 Arabian Peninsula에서 유래된 것과 같이 전 세계적으로 많은 문명들이 애용해 왔다. 현재 *Aloe vera*는 아메리카 대륙의 중부 및 미국의 남부가 중심이고 베라가 잠식하기 전까지 아프리카의 *Aloe ferox*가 의약품 및 화장품 원료로써 상업적으로 유통되고 있었다.

*Aloe arborescens*의 껍질이나 알로에의 뿌리 또한 약용이나 건강식품, 화장품 원료 등으로 이용되어져 왔지만 일반적으로 사용되는 부분은 알로에 잎에서 나오는 수액(sap)과 겔(gel) 두가지 부분이 주를 이룬다. 특히 건강식품과 더불어 면역력 향상을 위한 보조제로도 사용되고 있으며, 아토피 치료는 물론 비누와 치약에 이르기까지 다양한 상품들이 현재 유통되고 있다.

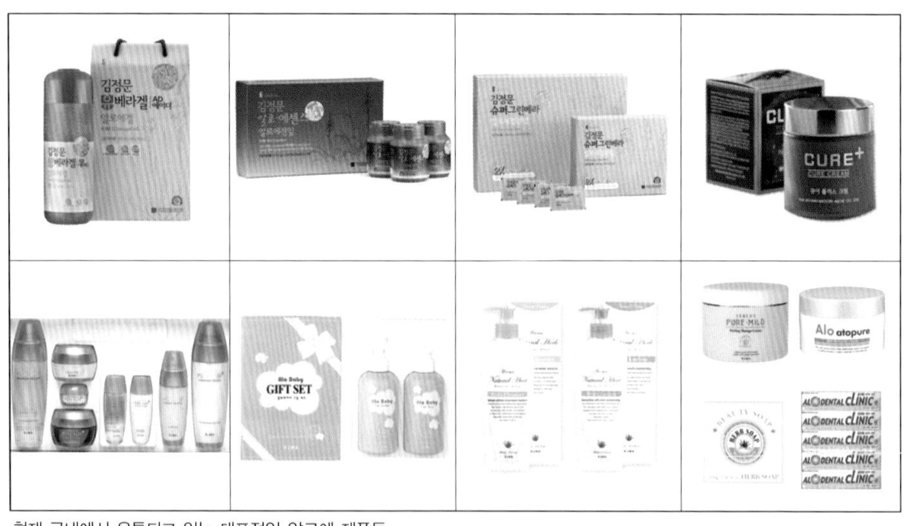

현재 국내에서 유통되고 있는 대표적인 알로에 제품들

아프리카에서는 아직까지도 전통적인 방법으로 알로에를 이용하고 있는데, 일반적으로 *Aloe ferox*의 겔과 수액을 이용하지만 *Aloe davyana*나 *Aloe marlothii*와 같은 종들도 이용한다. 신선한 잎은 하제용으로, 건조시킨 수액결정은 하제, 관절염에, 그리고 신선한 수액은 결막염, 축농증에, 잎의 겔은 피부의 염증이나 상처, 타박상 등에 이용된다. 하지만 전통적인 알로에 이용은 강한 하제 효능이 있기에 임신을 했을 때에는 섭취하지 않는 등 정확한 지식을 가지지 않으면 부정적인 영향을 끼칠 수 있으니 주의해야 한다.

남아프리카공화국의 산등성에 자생하는 알로에

*Aloe vera*의 잎 절단면

튼튼하고 가시가 있는 알로에 잎은 자연 울타리와 야생동물을 사육하는 경계로서 훌륭하다. 그리고 알로에가 많이 자라는 아프리카 농촌 지역에서는 이미 이러한 목적으로 애용되고 있다. 또한 밀집되고 옆으로 퍼지며 망과 같은 근계는 지하경을 통해 생겨나는 새로운 개체(sucker)에 의하여 쉽고 빠르게 확산되므로, 토양 유실이나 협곡 보호를 위해 토양 안정화에 이용되고, *Aloe davyana*는 이러한 목적으로 현재에도 아프리카 지역에서 종종 이용되고 있다.

알로에는 약용 식물로 사용되는 한편, 관상용 식물로도 각광받고 있는데 종의 다양함, 엽형의 독특함, 반점 등 잎색의 다양함, 꽃의 화려함 등 관상용 식물로도 충분히 매력이 있다. 한국에서 알려진 관상용 알로에로는 불야성(*Aloe mitriformis*), 천대전금(*Aloe variegata*), 능금(*Aloe aristata*), 제왕금(*Aloe humilis*), 용산(*Aloe brevifollia*) 등이 있으며 일본에서는 약 200여 종에 다다를 정도로 관상용으로 애용되고 있다고 한다.

알로에의 효능 등은 이미 다른 저서들에 의해서 다루어진 내용이기 때문에 여기서는 식물체 자체에 대한 이용면을 중시하여 정원, 화분 등 관상용에 관해서만 간단히 설명하겠다.

정원

알로에는 건조한 지역에서 자연적으로 자생하는 전형적인 식물로 현대의 고전적 정원 디자인으로의 경향에 따라 원예가 또는 정원가들에게 높은 관심을 받고 있다. 또한 땅덩어리가 작고 정원을 가진 집이 그리 많지 않은 우리나라에 적용되기는 어렵겠으나, 미국이나 호주 등에서는 정원을 가꾸는 것이 기본적인 가정일 중 하나라는 인식을 가지고 있다. 정원이 점점 소형화되어 가고, 쉽게 가꿀 수 있도록 지향하는 추세에 따라 다육식물도 인기가 매우 높아졌으며 특히 'Waterwise Gardening' 이란 단어까지 등장하고 있다. 즉, 다육식물은 건조한 시기에 생존하기 위하여 수분을 저장하는 구조로 낮은 유지 보수 관리를 제공할 수 있는 특징이 있다.

(주)김정문알로에 제주 농장 내 알로에 정원

우리나라에서는 제주도나 남해안 일부 지역에만 적용되겠지만 내한성을 가진 몇 가지 종들은 정원에서도 푸른 알로에 잎들로 가꿀 수 있다고 판단된다.

관상용으로서 알로에의 장점은 다음과 같다.

- 풍부하고 다양한 생육 형태를 나타내기 때문에 원하는 목적에 따라 선택이 가능하다.
- 정원 안에 포인트를 줄 수 있는 핵심 식물로서 매우 훌륭하다.
- 알로에의 잎은 반점부터 다양한 가시 등 장식용으로 매우 적합하고 기존의 관상용 식물들과는 전혀 다른 느낌과 패턴을 가지고 있다.
- 알로에 꽃은 다른 식물들보다 오래가고 선명한 색상으로 매우 밝은 인상을 심어 준다.
- 알로에 꽃은 대부분이 풍부하며 많은 식물들이 휴면하는 겨울에 개화하기 때문에 사계절 모두 꽃이 피어 있는 정원을 만들기 위한 귀중한 자료가 된다.
- 건강하게 잘 자라며 다른 식물에 비해 병해충이 매우 적다.
- 한번 성숙된 개체가 되면 알로에는 아주 적은 관리를 요구한다.

화분

화분에 심는 다육식물은 장식용으로서 집 안팎에 생기를 불러일으킨다. 또한 다년생이어서 초화류와는 달리 오랫동안 유지시킬 수 있으며, 자생지가 대부분 삭막한 모래땅이거나 바위틈이기 때문에 화분이라는 환경은 아주 적합할 수도 있다. 특히 알로에는 따분한 겨울철에 꽃을 피워 겨울철 장식용으로 매우 훌륭하다. 그리고 장소를 바꿔 가며 기분에 따라 주변을 새롭게 꾸밀 수도 있다. 더불어 이산화탄소의 흡수와 산소 공급, 공기청정 기능 등에 대해서는 두 말할 필요도 없다.

Aloe ciliaris var. tidmarshii

비록 화분 식물이 야외의 혹독한 환경 조건을 피해 실내로 들어왔다 하더라도 일정한 규칙은 필요하다. 우선 건강하게 키우기 위해 관수에 신경 쓰며 잎에 묻은 먼지를 닦아 줄 필요도 있으며 처진 잎이나 낙엽은 기생곤충의 서식처가 될 수 있으므로 제거해 주어야 한다.

알로에는 다년생(perennials)으로 화분 속에서 계속 자랄 수 있지만 식물이 자람에 따라 분갈이를 해 줘야 한다.

분갈이를 해 주는 시기는 물구멍에 뿌리가 보이기 시작할 무렵이 적당한데, 실내에서는 연중 가능하지만, 가급적 봄부터 가을 사이에 해 주는 것이 좋고 뿌리를 다치기 때문에 개화 시기에 분갈이를 하면 꽃을 제대로 감상하지 못할 수 있다. 하지만 알로에 화분에서 생장 중 물러 죽는 것을 방지하기 위해 분형근에 죽은 뿌리나 죽은 토양 그대로 더 큰 화분으로 옮겨 주는 것도 한 가지 방법이다. 이 방법은 분갈이 쇼크를 감소시켜 주며 식물이 빨리 회복하고 새롭고 활기찬 생육을 다시 하게끔 유도해 준다.

문헌 : 3), 5), 6), 7), 9), 11), 13), 14), 15), 16), 18), 21), 22), 27)

참고문헌

서적

1. Glen, H.F. & Hardy, D.S. 2000. Aloe, Aloaceae (First part). In G. Germishuizen (ed.), Flora of Southern Africa 5,1,1. National Botanical Institute, Pretoria.
2. Jankowitz, W.J. 1975. Aloes of South West Africa. the Division of Nature Conservation and Tourism South West Africa.
3. Jeppe, B. 1969. South African aloes. Purnell, Cape Town.
4. Newton, L.E., 2001. Aloe. In U. Eggli (ed.). Illustrated handbook of succulent plants: monocotyledons. Springer-Verlag, Berlin. pp. 103-186.
5. Reynolds, G.W. 1966. The aloes of tropical Africa and Madagascar. The Trustees of The Aloes Book Fund, Mbabane, Swaziland.
6. Reynolds, T. (ed.). 2004. Aloes: The genus Aloe. CRC Press.
7. Smith, G.F. 2008. Aloes in Southern Africa. Struik, Cape Town.
8. Smith, G.F. 2009. Guide to Succulents of Southern Africa. Struik Nature, Cape Town.
9. Van Wyk, B-E. & Smith, G. 2004. Guide to the Aloes of South Africa. 2nd expanded edition. Briza Publications, Pretoria.
10. West, Oliver. 1974. A Field Guide to the Aloes of Rhodesia. Longman Rhodesia.
11. 高橋良孝. 2007. 見てわかる　サボテン　多肉植物の育て方. 誠文堂新光社.
12. 肥田 和夫 & 山ノ内慎一. 1996. アロエ-健康を守る万能の薬草. 新星出版社.
13. 김정문 외. 1981. 신비한 약초 알로에. 가리내.
14. 김정문 외. 1986. 알로에 베라의 모든 것. 주부의벗.
15. 김정문. 1990. 알로에 인생. 가리내.
16. 이창복. 1985. 식물분류학(신고). 향문사.

논문

17. The Angiosperm Phylogeny Group, 2009, An update of the Angiosperm Phylogeny Group classification for the orders and families of flowering plants: APGIII, Botanical Journal of the Linnean Society, 161:105–121.
18. Chalker-Scott, L. 1999. Environmental significance of anthocyanins in plant stress responses. Photochemistry and Photobiology, 70(1):1–9.
19. Chase, M.W., Reveal, J.L., Fay, M.F. 2009. A subfamilial classification for the expanded asparagalean families Amaryllidaceae, Asparagaceae and Xanthorrhoeaceae. Botanical Journal of the Linnean Society, 161:132–136.
20. Honda, H., Akagi, H. & Shimada, H. 2000. An isozyme of the NADP-malic enzyme of a CAM plant, Aloe arborescens, with variation on conservative amino acid residues. Gene, 243:85–92.
21. Smith, G.F. & de S. Correia, R.I. 1992. Notes on the ecesis of Aloe davyana (Asphodelaceae: Alooideae) in seed-beds and under natural conditions. South African Journal of Science, 84(11):873.
22. Surjushe, A., Vasani, R. & Saple, D.G. 2008. Aloe vera: A Short Review, 53(4):163–166.
23. Van Der Bank, H., Van Wyk, B-E. & Van Der Bank, M. 1995. Genetic Variation in Two Ecopnomically Important Aloe Species (Aloaceae). Biochemical Systematics and Ecology, 23(3):251–256.
24. Vogel, J.C. 1974. The life span of the kokerboom. Aloe, 12(2):66–68.
25. Weiss, H. & Scherthan H. 2002. Aloe spp. – plants with vertebrate-like telomeric sequences. Chromosome Research, 10(2):155–164.

인터넷

26. http://en.wikipedia.org/wiki/Succulent_plant
27. http://www.aloe.co.kr/

INDEX

알로에 학명

한글 INDEX

영문 INDEX

Aloe cryptopoda

김정문알로에는...

건강관련 문화와 가치를 전달하는 '자연건강문화기업' 김정문알로에, 자연건강과 자연미를 진실한 제품으로 전합니다.

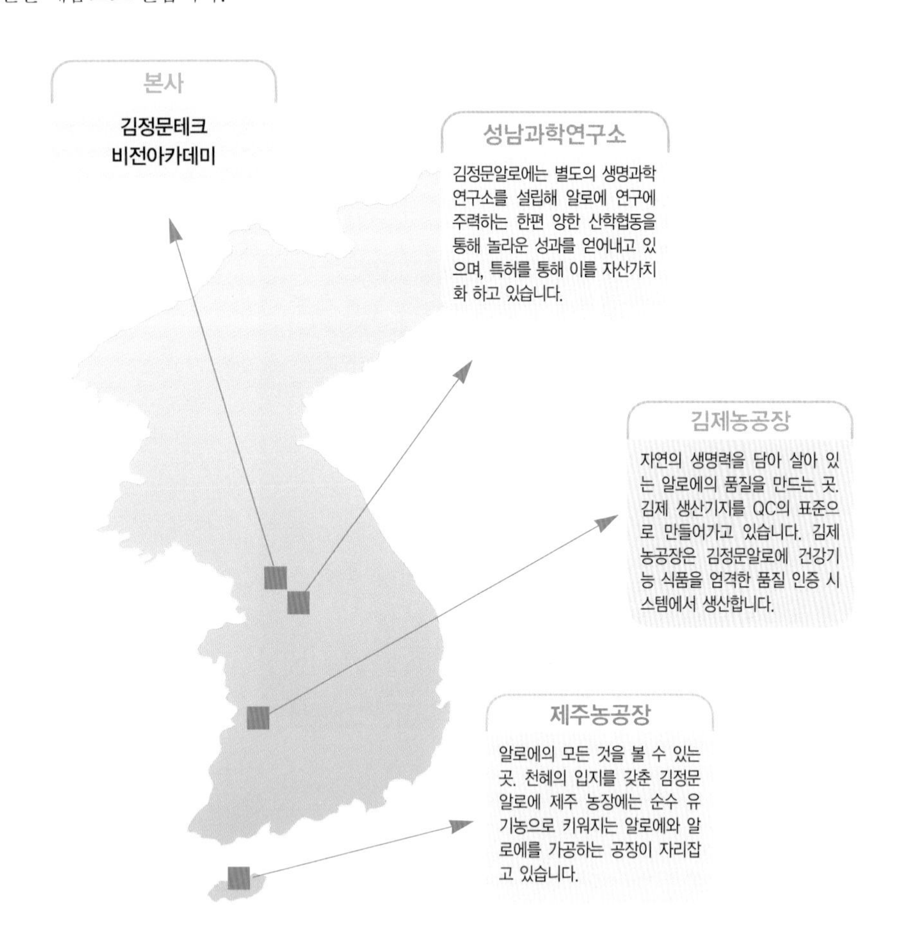

김정문알로에는 자연건강과 자연미를 회복하여 행복한 삶을 영위할 수 있도록 만들어 주는 진실한 제품을 만드는 것을 기본적 가치로 삼으며, 그 동안 쌓아온 기술력과 신뢰도를 바탕으로 다양한 건강기능식품, 화장품, 건강기기 등을 생산하고 있다. 1975년 국내에 처음으로 알로에를 보급하면서 대한민국의 건강기능식품 시장을 개척해 왔으며, 창업주 고(故) 백재(伯栽) 김정문 회장의 이념을 바탕으로 자연의학의 진정한 선구자적 역할을 하고자 끊임없이 노력하고 있다.
특히, 김제와 제주도에 알로에 전용 식물원을 설립하면서 현재까지 20여 년 동안 '알로에 묘목 나눠주기 캠페인'을 진행해 오는 등 제 땅에서 나는 알로에를 보급하는 알로에 명가로서 자리매김하고 있다.
시장 경쟁력 강화를 위해 내부적으로는 생명과학 연구소를 중심으로 알로에 등 천연물질에 대한 신소재 중심의 연구개발투자를 확대하고, 대외적으로는 유수한 연구소, 대학, 기업과 전략적 기술제휴와 협력을 강화해 나가고 있다.

경영이념

(주)김정문알로에 제주 농장 전경

자연주의

자연은 인간이 가장 인간다운 삶을 영위할 수 있는 최상의 조건이며, 인간은 자연에 대한 연구와 그 결과의 선용을 통해 자연성을 회복할 수 있다는 것이 김정문알로에의 신념이다.

인간존중

인간은 기업활동의 무한한 원천이며 궁극적인 목적이다. 구성원들 자신의 개성과 창의성 및 잠재능력을 발휘할 수 있는 여건을 마련해 주는 것이 기업경영의 제일과제다.

사회기여

김정문알로에는 경영활동의 결과가 사회와 환경에 미치는 영향을 스스로 점검하고, 기업이윤을 최대한 사회에 환원할 수 있는 방법을 끊임없이 발굴하여 실천한다.

지은이 최연매

35년 전 한국인에게 처음으로 알로에를 소개한 ㈜김정문알로에의 대표이사. 사람이 곧 자연의 일부라는 믿음으로, 인류의 잃어버린 자연성 회복에 앞장서는 '김정문주의'를 계승하며 그녀만의 탁월한 경영 능력을 보여주고 있다.
국내 최초의 알로에 도감『김정문 알로에 도감』은 최연매 대표가 지금까지 약 30여 년간 알로에에 대한 연구를 거듭하며 그 유용성을 알리고자 했던 여정의 소중한 결과물이다.
대표적인 저서로는『내 안의 자연』『내 사랑 생명의 알로에』『자연에게 묻는 병으로부터의 자유』가 있다.

김정문 알로에 도감

초판 1쇄 발행 | 2010년 12월 6일

지은이 | 최연매
펴낸이 | 문미화
기획 | 백진홍, 문기원, 김세웅
감수 | 이신영
사진 | 이종희, 김세웅

펴낸곳 | 책읽는달
주소 | 서울 영등포구 양평동5가 39번지 우림라이온스밸리 1차 A동 1407호
전화 | 02)2638-7567~8
팩스 | 02)2638-7571

등록번호 | 제2010-000161호

값 | 20,000원
ISBN | 978-89-965462-1-4 06480

---

*잘못된 책은 바꿔드립니다.